FORSCHUNGSBERICHTE DES LANDES NORDRHEIN-WESTFALEN

Herausgegeben durch das Kultusministerium

Nr. 779

Prof. Dr.-Ing. Felix Eisele
Dipl.-Phys. Dietrich Löbell

Versuchsfeld für Werkzeugmaschinen,
Technische Hochschule München

Untersuchungen der kennzeichnenden Eigenschaften von Meßuhren und Feinzeigern

Als Manuskript gedruckt

WESTDEUTSCHER VERLAG / KÖLN UND OPLADEN

1959

ISBN 978-3-663-03817-7   ISBN 978-3-663-05006-3 (eBook)
DOI 10.1007/978-3-663-05006-3

Gliederung

1. Einleitung .... S. 7
2. Theoretischer Teil:

   Systematische Zusammenstellung der grundsätzlichen
   Wirkungsweisen und der kennzeichnenden Eigenschaften
   von Meßgeräten für die Längenmessung .... S. 9

   2.1 Einführung .... S. 9
   2.2 Das Signal und seine Behandlung .... S. 9
   2.3 Die Bauelemente und ihre Aufgaben .... S. 10
   2.4 Grundfunktion und Einflußfunktionen .... S. 11
       2.41 Die Grundfunktion .... S. 12
       2.42 Die Einflußfunktionen .... S. 14
   2.5 Signalaufnahme .... S. 17
   2.6 Signaldurchgang .... S. 17
   2.7 Signalangabe .... S. 18

3. Experimenteller Teil:

   Experimentelle Untersuchungen der kennzeichnenden
   Eigenschaften von Meßgeräten zur Längenmessung .... S. 19

   3.1 Einführung .... S. 19
       3.11 Bisherige Untersuchungen .... S. 19
       3.12 Charakteristische Eigenschaften von
             Meßuhren und Feinzeigern .... S. 20
       3.13 Die Meßuhr als abgeschlossenes System ... S. 21
       3.14 Ziel und Umfang der neuen Untersuchungen . S. 22
   3.2 Die Meßkraft .... S. 23
       3.21 Die Messung der Meßkraft, Grundsätzliches ... S. 23
       3.22 Experimentelle Ausführung der Meßkraftmessung ... S. 24
       3.23 Die Messung der Meßbolzenverschiebung ... S. 26
       3.24 Die Meßanordnung zur Aufnahme der Meßkraft-
             Meßweg-Kurve .... S. 28
       3.25 Meßunsicherheit .... S. 30
       3.26 Meßergebnisse .... S. 31
           3.261 Allgemeine Ergebnisse .... S. 31
           3.262 Die Analyse der Meßkraft .... S. 32
           3.263 Einzelne Untersuchungsergebnisse ... S. 34
               3.2631 1/1000-Meßuhr (Type A) .... S. 34
               3.2632 1/1000-Meßuhr (Type B) .... S. 36

   3.2633 Feinzeiger mit längsverschieblichem Meßbolzen (Type C) S.38

   3.2634 Feinzeiger mit längsverschieblichem Meßbolzen (Type D) S.43

   3.2635 Feinzeiger mit drehbar gelagertem Meßbolzen S.44

 3.27 Die Überprüfung des Meßkraftverlaufs bei Reihenversuchen S.46

 3.28 Die Gültigkeit der Meßergebnisse S.49

  3.281 Der Einfluß der Lage der Meßuhr auf den Meßkraftverlauf S.50

  3.282 Abhängigkeit der Meßkraft von der Meßbolzengeschwindigkeit S.51

  3.283 Änderung der Meßkraft bei seitlicher Meßbolzenbelastung S.52

  3.284 Gültigkeit der Meßkraftkurve im kleinen Bereich S.55

  3.285 Streuung der Meßkraft innerhalb einer Serie gleicher Meßuhren oder Feinzeiger S.58

  3.286 Beeinflussung des Meßkraftverlaufs durch Dauerbeanspruchungen S.65

 3.29 Zusammenfassung der Ergebnisse der Meßkraftmessungen S.68

3.3 Die Anzeigefehler S.71

 3.31 Die Ursachen der Anzeigefehler S.71

 3.32 Die Messung der Anzeigefehler, bisherige Meßmethoden S.73

 3.33 Grundsätzliches über die verwendete Meßmethode S.74

 3.34 Die Meßanordnung zur Messung der Anzeigefehler S.76

 3.35 Messung der Anzeigefehler eines Mikrokators S.77

  3.351 Meßunsicherheit S.77

  3.352 Meßergebnisse S.78

 3.36 Messung der Anzeigefehler von Meßuhren und Feinzeigern S.78

  3.361 Meßunsicherheit S.79

  3.362 Meßergebnisse S.79

 3.37 Zusammenfassung der Ergebnisse der Anzeigefehlermessungen S.84

3.4 Die Umkehrspanne . . . . S. 84
   3.41 Definitionen . . . . S. 84
   3.42 Die Ursachen der inneren Umkehrspanne . . . . S. 85
   3.43 Die Messung der inneren Umkehrspanne . . . . S. 87
   3.44 Grundsätzliches über die verwendete
       Meßmethode . . . . S. 87
      3.441 Meßunsicherheit . . . . S. 88
   3.45 Messung der Umkehrspanne eines Mikrokators . . . . . S. 88
      3.451 Meßergebnisse . . . . S. 89
   3.46 Messung der Umkehrspanne von Meßuhren
       und Feinzeigern . . . . S. 90
      3.461 Meßergebnisse . . . . S. 90
   3.47 Zusammenfassung der Ergebnisse der Umkehr-
       spannenmessungen . . . . S. 95
3.5 Die Streuung . . . . S. 95
   3.51 Definition . . . . S. 95
   3.52 Messung der Streuung . . . . S. 96
   3.53 Durchführung der Messungen und Meßergebnisse . . . . S. 96
   3.54 Zusammenfassung der Streuungsmessungen . . . . S. 98
3.6 Anhang:
   Beeinflussung der Meßergebnisse durch die Nachgiebigkeit einzelner Teile des Meßaufbaus . . . . S. 99
3.7 Zusammenfassung . . . . S. 103
   Literaturverzeichnis . . . . S. 106

1. Einleitung

In allen Teilen der mechanischen Fertigung werden seit Jahren steigende Ansprüche an die Bearbeitungs- und Werkstückgenauigkeit gestellt. Die Gründe dafür liegen zum einen Teil in den Anforderungen der Serienfertigung und des Austauschbaues, die auf der genauen Einhaltung von - zum Teil sehr engen - Toleranzfeldern beruhen. Zum anderen fordert die Wirtschaftlichkeit der Fertigung, daß ein verlangtes Fertigmaß schnell, d.h. ohne langwierige Nacharbeit erreicht wird.

Die Vielzahl der Möglichkeiten, eine verlangte Genauigkeit am fertigen Produkt zu garantieren, läßt sich auf drei verschiedene Prinzipien zurückführen, sofern man eine Einteilung nach den grundsätzlichen Vorgängen trifft, die zur Anwendung kommen.

Die erste Möglichkeit, die in der mechanischen Fertigung seit jeher angewandt wurde, ist das <u>Messen</u>. Man versteht darunter das Prüfen durch Vergleich der zu messenden Größe mit einer anderen als Einheit dienenden Größe, der Maßeinheit. Dabei kann der Vorgang des Messens in einer Kontrolle eines Werkstückmaßes, aber auch - und daran ist hier ebenso gedacht - in der Messung einer Zustellbewegung an der Maschine, z.B. des Vorschubweges eines Schlittens liegen. In diesem Fall wird der Vorgang des Messens dadurch charakterisiert, daß ein Signal am Eingang des Meßgerätes aufgenommen wird; dieses Signal wird dann im Meßgerät so übersetzt, verstärkt oder gewandelt, daß es am Ausgang in geeigneter Form, d.i. meist nur vergrößert, gelegentlich aber auch in einer anderen Energieform, z.B. als elektrischer Impuls, wieder auftritt.

Die zweite Möglichkeit, eine verlangte Werkstückform zu erzielen, ist das <u>Stellen</u>. Hierbei wird die Bahn des Werkzeuges durch Stelloperationen bestimmt, die nach einem durch Kurven, Schablonen oder irgendwelche andere Speicher vorgegebenen Programm ablaufen. Das einfachste Beispiel für die Anwendung des Stellprinzips bildet eine mechanische Gravier- oder Kopiereinrichtung nach dem Pantographenprinzip. Aber auch die Kurvensteuerung von Automaten, die hydraulischen oder elektrischen Kopiereinrichtungen und neuerdings die tonbandgesteuerten Fertigungsmaschinen der verschiedensten Art beruhen auf dem Prinzip des Stellens. Dabei ist für alle geschilderten Ausführungsformen wesentlich, daß ein dem Eingangswert (Kurve, Schablone) entsprechender Wert am Ausgang (Verschiebung des Werkzeuges) des Stellsystems auftritt. Der Stellvorgang unterscheidet sich daher vom reinen Meßvorgang vor allem durch die unmittelbare Einflußnahme auf den Bearbeitungsvorgang. Dabei wird allerdings nur die richtige Bewegung des Werkzeugs, und nicht zwangsläufig die richtige Form des Werkstücks garantiert.

Die unabhängig von Störeinflüssen maßgerechte Form des Werkstücks wird dagegen erst durch das dritte Prinzip erreicht, das in der mechanisierten Fertigung zur Anwendung gelangt, nämlich durch den Vorgang des Regelns. Hierbei wird am Werkstück selbst der für den Regelvorgang charakteristische Soll-Istwert-Vergleich durchgeführt, und abhängig vom Ergebnis dieses Vergleichs erfolgt eine weitere Zustellung oder Abschaltung der Fertigungsmaschine. Hier erst liegt also im Sinne der Regelungstechnik ein geschlossener Kreis vor. Als Beispiel für ein solches Regelsystem kann eine Meßwert-gesteuerte Rundschleifmaschine dienen, bei der der Regelkreis (Meßfühler - Zustellmechanismus - Werkzeug) durch das Werkstück geschlossen wird.

Das große Interesse, das heute den geschilderten Vorgängen und Arbeitsprinzipien entgegengebracht wird, veranlaßte das Wirtschaftsministerium des Landes Nordrhein-Westfalen, dem Institut für Werkzeugmaschinen der Technischen Hochschule München den Auftrag zu erteilen, Untersuchungen an anzeigenden und schaltenden Meßgeräten durchzuführen.

Der große Umfang des Arbeitsgebietes und das Fehlen von systematischen Unterlagen zwangen dazu, zunächst eine systematische Zusammenstellung der bei Längenmeßgeräten vorkommenden Arbeitsprinzipien und ihrer Eigenarten zu schaffen, die gleichzeitig die Grundlage für eine geplante VDI-Richtlinie darstellt.

Diese Zusammenstellung bildet unter dem Titel "Grundsätzliche Wirkungsweise und kennzeichnende Eigenschaften von Meßgeräten für die Längenmessung" den ersten Teil des vorliegenden Berichtes. Sie wird für die VDI-Richtlinie durch einen ausführlich gehaltenen weiteren Teil mit Beispielen ergänzt.

Der zweite Teil des Abschlußberichtes bringt die Ergebnisse von Untersuchungen an Meßuhren und Feinzeigern, die dazu dienten, das grundsätzliche Verhalten der Meßsysteme und die Zusammenhänge zwischen den verschiedenen in den Normen festgelegten kennzeichnenden Eigenschaften zu klären.

Der dritte Teil des Abschlußberichtes, der später erscheinen wird, bringt die Ergebnisse dynamischer Messungen an Meßuhren und Feinzeigern, und Untersuchungen an pneumatischen und schaltenden mechanischen Meßgeräten.

Auf Untersuchungsergebnisse, die bei der Untersuchung von Regelsystemen (Schleifmeßsteuerungen) erzielt wurden, wird am Schluß noch kurz eingegangen.

2. Systematische Zusammenstellung der grundsätzlichen Wirkungsweisen und der kennzeichnenden Eigenschaften von Meßgeräten für die Längenmessung

2.1 Einführung

Es existiert heute eine große Anzahl von Meßgeräten, die zur Messung und Prüfung von Längen dienen. Diese Geräte, die nach den verschiedensten Prinzipien arbeiten können, haben folgendes gemeinsam:

Sie dienen zur Aufnahme, Weiterleitung und Auswertung von Meßgrößen, die ursprünglich immer als Längen auftreten, häufig aber schon bei der Aufnahme oder im Verlauf der weiteren Verarbeitung der Größe oder bei der Anzeige in wegabhängige Funktionen anderer physikalischer Größen umgewandelt werden. Die Meßgröße kann vom Meßgerät bei der Aufnahme und beim Durchlaufen des Gerätes nach Richtung, Betrag und Art verändert werden.

> Beispiele: Die Aufnahme der Meßgröße kann als Verschiebung eines Fühlstiftes erfolgen. Sie kann auch in der Drehung z.B. eines Winkelhebels (Änderung von Richtung und Betrag) bestehen.
>
> Ähnlich wie bei der Aufnahme kann auch bei der Verarbeitung der Meßgröße eine Änderung des Betrages (z.B. Meßuhr-Getriebe) oder der Art (z.B. Induktionsprinzip) erfolgen.

2.2 Das Signal und seine Behandlung

Die Meßgröße wird auf dem Weg durch das Meßgerät bis zur Auswertung als Signal bezeichnet.

Ein Meßgerät nimmt ein Signal auf und verarbeitet es beim Durchgang durch das Gerät so, daß es zum Beobachten, Steuern oder Aufzeichnen verwendet werden kann. Man unterscheidet hierbei die Signalaufnahme, den Signaldurchgang und die Signalangabe.

Jedes Signal führt Energie mit sich. Diese Energie wird im allgemeinen schon bei der Aufnahme des Signals durch das Meßgerät aufgenommen.

Beispiel: Der Meßbolzen einer Meßuhr drückt mit einer Kraft P auf das Meßobjekt. Tritt eine Änderung der Meßgröße ein, wird also der Meßbolzen längs des Meßweges s gegen die Meßkraft bewegt, so wird der Meßuhr die Energie P·s zugeführt.

Die Energie tritt stets als Produkt aus zwei physikalischen Einzelgrößen (Kraft · Weg) auf. Sie dient außer zur Deckung von Verlusten vor allem zur Signalangabe.

Beispiel: Ein elektrisches Anzeigegerät, das die Anzeige bei einem induktiven Feinzeiger übernimmt, benötigt hierzu die elektrische Energie U · I.

In vielen Fällen reicht die mit dem Signal aufgenommene Energie zur Signalangabe aus. Dann interessiert im Verlauf der Aufnahme, des Durchgangs und der Angabe des Signals zunächst nur eine der beiden, die Energie bestimmenden Größen.

Beispiel: Für die Angabe bei der Meßuhr interessiert nur die richtige Anzeige des Wegs, nicht die Meßkraft.

Verlangt die Angabe dagegen eine größere Energie, als bei der Signalaufnahme verfügbar ist, oder treten beim Signaldurchgang erhebliche Energieverluste auf, dann muß beim Durchgang Energie zugeführt werden. Das Signal wird dabei der zugeführten Energie aufgeprägt.

Besteht das Signal nur aus einer physikalischen Größe, deren Betrag beim Durchlaufen des Gerätes verändert wird, so ist dies eine Signalübersetzung. Muß dabei Energie zugeführt werden, so spricht man von Signalverstärkung. Wenn auch die Art des Signals geändert werden muß, d.h. eine ursprüngliche in eine andere physikalische Größe gewandelt wird, dann liegt eine Signalwandlung vor.

Beispiel: Häufig wird eine Längenänderung in eine elektrische Größe gewandelt, weil sich letztere leichter über große Strecken oder zwischen gegeneinander bewegten Punkten weiterleiten läßt.

2.3 Die Bauelemente und ihre Aufgaben

Bauelemente eines Meßgerätes, in denen eine Änderung des Signalbetrages oder der Signalart erfolgt, heißen:

$$\text{Übersetzer, Verstärker, Wandler.}$$

Als Übersetzer wird ein Bauelement bezeichnet, durch das eine Änderung des Signalbetrages erfolgt. Unter einem Verstärker versteht man ein Bauelement, in dem die Energie eines Signals erhöht wird. Bei beiden wird die Signalart nicht geändert, die physikalische Dimension des Signals bleibt also erhalten. Ein Wandler ist ein Bauelement, durch das die Art eines Signals, d.h. seine physikalische Dimension geändert wird.

Bei der Wandlung einer Signalart in eine andere muß dem betreffenden Bauelement oft eine Hilfsenergie zugeführt werden. Man unterscheidet daher Wandler, die als aktive Elemente ein Signal weitergeben (Aktivwandler) und Wandler, die als passive Elemente nur durch Zufuhr von Hilfsenergie ein Signal weitergeben können (Passivwandler).

Das einem Bauelement zugeführte Signal heißt Eingangssignal, das vom Bauelement abgegebene heißt Ausgangssignal. Bei einer Kette von Bauelementen bildet das Ausgangssignal des vorhergehenden das Eingangssignal des nachfolgenden Bauelementes (Abb. 1).

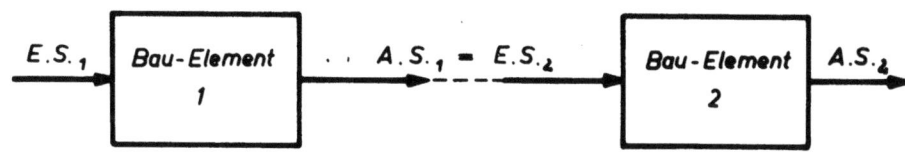

E.S.= Eingangs-Signal
A.S.= Ausgangs-Signal

A b b i l d u n g   1
Verkettung von Bauelementen

2.4 Grundfunktion und Einflußfunktionen

Eingangs- und Ausgangssignal eines Bauelementes stehen in einem bestimmten durch das Arbeitsprinzip des Bauelementes gegebenen grundsätzlichen, funktionellen Zusammenhang. Dieser Zusammenhang heißt die Grundfunktion.

   Beispiel: Durch die Grundfunktion wird beispielsweise der grundlegende Zusammenhang zwischen Dehnung und Widerstandsänderung bei einem Dehnungsmeßstreifen oder der Zusammenhang zwischen wirksamer Düsenquerschnittsänderung und Luftdruck bei einem Düsenmeßdorn dargestellt.

Die Abhängigkeit des Ausgangs- vom Eingangssignal wird außer durch die Grundfunktion durch bestimmte, dem Bauelement eigentümliche "Gegebenheiten" beeinflußt. Sie heißen <u>Einflußgrößen</u>. Solche Einflußgrößen sind z.B. Temperatur, Spiel, Frequenz, Hilfsenergie.

Die durch die Einflußgrößen hervorgerufenen Abweichungen des Zusammenhanges zwischen Ausgangs- und Eingangssignal von der Grundfunktion werden durch die <u>Einflußfunktionen</u> beschrieben.

Somit ist für ein Bauelement der vollständige Zusammenhang zwischen Ausgangs- und Eingangssignal und damit deren Zuordnung gegeben durch:

a) die <u>Grundfunktion</u>, das ist der dem Arbeitsprinzip des Bauelementes zugrundeliegende funktionelle Zusammenhang zwischen Ausgangs- und Eingangssignal

b) die <u>Einflußfunktionen</u>, das sind die durch die Einflußgrößen bewirkten Abweichungen des Zusammenhanges zwischen Ausgangs- und Eingangssignal von der Grundfunktion.

2.41 Die Grundfunktion

In Abbildung 2 ist eine Grundfunktion dargestellt.

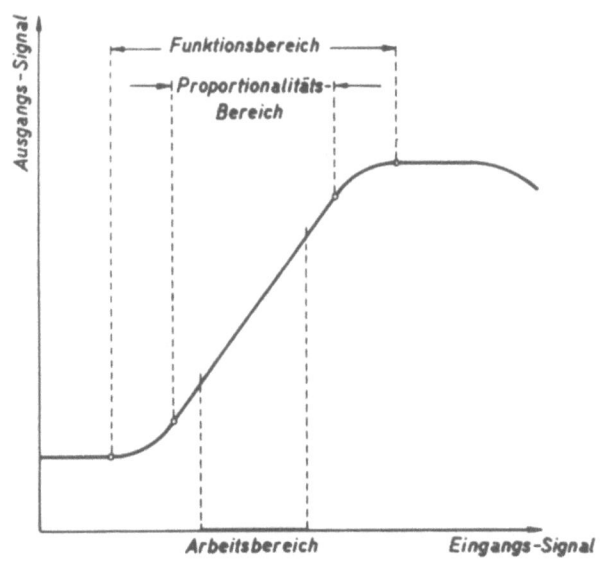

A b b i l d u n g   2
Grundfunktion

An Hand der Abbildung sollen folgende Bereiche erklärt werden:

1. Proportionalitätsbereich, das ist der Bereich, in dem das Verhältnis von Ausgangs- zu Eingangssignal konstant ist.

2. Der Funktionsbereich, das ist der Bereich, in dem eine Änderung der Eingangsgröße eine Änderung der Ausgangsgröße zur Folge hat.

Ferner ist in der Abbildung der Arbeitsbereich angegeben, das heißt, der Bereich, der beim Arbeiten des Gerätes ausgenützt wird.

Für die Zuordnung des Eingangs- zum Ausgangssignal ist die Lage des Arbeitsbereiches zu Proportionalitätsbereich und Funktionsbereich maßgebend:

a) Ausgangs- und Eingangsgröße sind nur dann eindeutig miteinander verknüpft, wenn der Arbeitsbereich ganz innerhalb des Funktionsbereiches liegt (Abb. 3a).

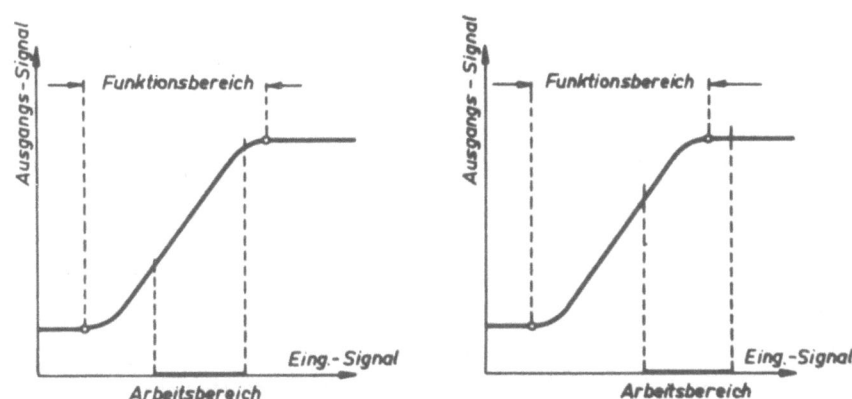

Abbildung   3a und b
Einfluß der Lage des Arbeitsbereiches

Liegt er teilweise (Abb. 3b) oder ganz außerhalb, so kann eine eindeutige Zuordnung nicht erfolgen.

b) In der Regel wird angestrebt, daß der Arbeitsbereich ganz innerhalb des Proportionalitätsbereiches liegt. Ist das der Fall, so ist die Zuordnung von Ausgangs- und Eingangsgröße durch einen Proportionalitätsfaktor, d.h. eine Konstante gegeben (Abb. 4).

Sie heißt beim Übersetzer das <u>Übersetzungsverhältnis</u>, beim Verstärker der <u>Verstärkungsgrad</u>, beim Wandler die <u>Wandlerkonstante</u>. Während Übersetzungsverhältnis und Verstärkungsgrad dimensionslos sind, ergibt sich die Dimension der Wandlerkonstanten als Quotient der Dimensionen des Ausgangssignals und des Eingangssignals.

c) Liegt der Arbeitsbereich außerhalb des Proportionalitätsbereiches oder reicht er teilweise darüber hinaus, so kann eine Zuordnung von

Ausgangs- und Eingangssignal nur erfolgen, wenn der Verlauf der Grundfunktion im ganzen Arbeitsbereich bekannt ist.

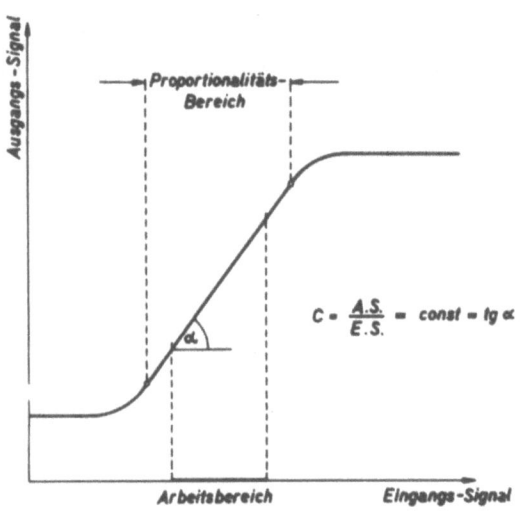

A b b i l d u n g   4

Zuordnung von Ausgangs- und Eingangs-Signal im Proportionalitätsbereich

<u>2.42 Die Einflußfunktionen</u>

Für die Bestimmung der Auswirkungen von Einflußfunktionen ist es zweckmäßig, verschiedene Einflußgrößen zu unterscheiden.

I. Es gibt Einflußgrößen, die durch Änderung ihres Wertes eine Abweichung von der Grundfunktion bewirken (z.B. Temperatur).

II. Es gibt Einflußgrößen, deren konstanter Wert bereits eine Abweichung von der Grundfunktion bewirkt (z.B. Spiel).

Zu I.

Die Änderung des Wertes einer Einflußgröße bewirkt eine Abweichung des Zusammenhanges zwischen Ausgangs- und Eingangssignal von der Grundfunktion. Für eine bestimmte Änderung des Wertes einer Einflußgröße kann der sich ergebende Zusammenhang zwischen Ausgangs- und Eingangssignal wie die Grundfunktion als Kennlinie dargestellt werden. Dies ist aus Abbildung 5 ersichtlich (folgende Seite), wo die Temperatur als Einflußgröße auftritt. Die Änderung des Wertes einer Einflußgröße kann eine oder mehrere der folgenden Auswirkungen haben:

1a. Eine Verschiebung der Grenzen des Funktionsbereiches,
1b. eine Verschiebung der Grenzen des Proportionalitätsbereiches,

2. eine Änderung des Proportionalitätsfaktors, d.h. eine Änderung der Steigung der Kennlinie
3. eine additive Vergrößerung oder Verkleinerung der Ausgangsgröße unabhängig vom Wert der Eingangsgröße, d.h. eine Parallelverschiebung der Kennlinie.

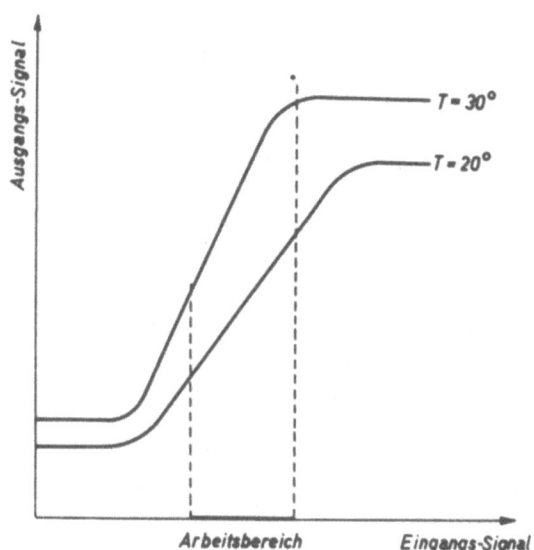

Abbildung 5

Beeinflussung der Grundfunktion durch eine Einflußgröße

Der durch Grundfunktion und Einflußfunktionen gegebene vollständige Zusammenhang zwischen Ausgangs- und Eingangssignal läßt sich für jede der Einflußgrößen durch ein Kennlinienfeld beschreiben (Abb. 6).

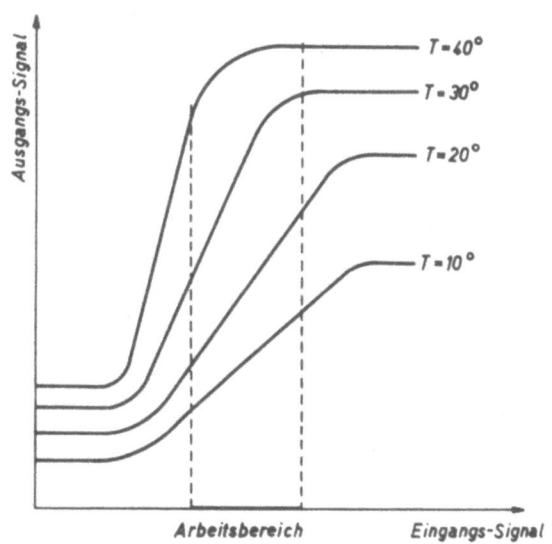

Abbildung 6

Kennlinienfeld einer Einflußgröße (T)

Jede der Kennlinien ist einem bestimmten Wert der Einflußgröße zugeordnet. In vielen praktischen Fällen ist jedoch die Angabe des vollständigen Kennlinienfeldes nicht nötig. Liegt nämlich der Arbeitsbereich genügend weit innerhalb des Proportionalitätsbereiches und sind die Einflußfunktionen voneinander unabhängig, dann genügt es, für jede der Einflußgrößen anzugeben:

a) in welchen Grenzen der Wert der Einflußgröße sich ändern darf, ohne daß dabei der Arbeitsbereich aus dem Proportionalitätsbereich drückt,

b) wie der Proportionalitätsfaktor (Übersetzungsverhältnis, Verstärkungsgrad, Wandlerkonstante) vom Wert der Einflußgröße abhängt und

c) wie die - im ganzen Arbeitsbereich konstante - Vergrößerung des Ausgangssignals vom Wert der Einflußgröße abhängt.

Zu II.
Einflußgrößen, die ohne Änderung ihres Wertes eine Abweichung des Zusammenhanges zwischen Ausgangs- und Eingangssignal von der Grundfunktion bewirken, führen im allgemeinen dazu, daß

1. das Eingangssignal sich in bestimmten Grenzen ändern kann, ohne daß dies eine Änderung des Ausgangssignals zur Folge hat. Der durch diese Grenzen gegebene Bereich heißt "Ansprechbereich" (Abb. 7);

2. das Ausgangssignal in einem bestimmten Bereich Änderungen erfahren kann, ohne daß eine Änderung des Eingangssignals vorliegt. Der durch diese Grenzen gegebene Bereich heißt "Streubereich" (Abb. 8).

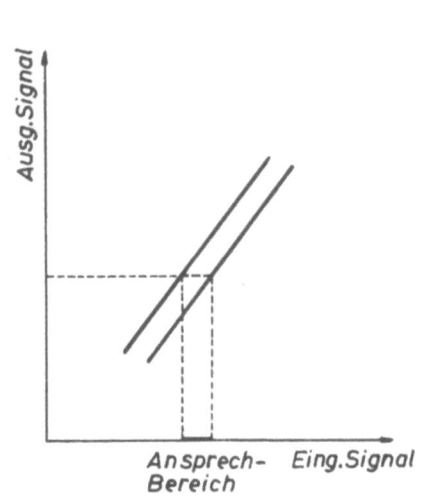
Abbildung 7
Ansprechbereich

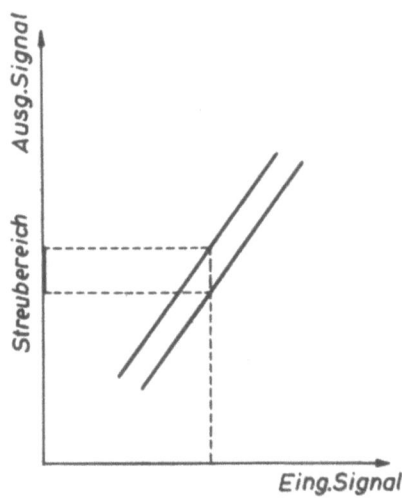
Abbildung 8
Streubereich

Die im Vorstehenden angeführte Betrachtungsweise kann für ein komplettes Meßgerät wie auch für die einzelnen Bauelemente angewendet werden, gleichgültig, ob die betreffenden Bauelemente der Signalaufnahme, dem Signaldurchgang oder der Signalangabe dienen. Auf die besonderen Forderungen, die durch die Signalaufnahme, den Signaldurchgang und die Signalangabe gestellt werden, wird im folgenden näher eingegangen.

2.5 Signalaufnahme

Die Aufnahme des Signals durch ein Meßgerät kann durch Berührung oder berührungsfrei erfolgen. Bei der <u>Signalaufnahme durch Berührung</u> beeinflußt die Länge unmittelbar als primäre Meßgröße den Meßfühler oder Meßtaster [1].

Die Signalaufnahme durch Berührung wird beeinflußt durch Form und Werkstoff des Fühlers bzw. Tasters und des Prüflings, Meßkraft, Frequenzgang und Dämpfung des Aufnahmesystems.

Bei der <u>berührungsfreien Signalaufnahme</u> wird nicht die Länge selbst, sondern eine andere Meßgröße, die mit der zu messenden Länge in einem funktionellen Zusammenhang steht, als Eingangssignal für das Meßgerät benutzt.

Die berührungsfreie Signalaufnahme wird beeinflußt durch:
die Grundfunktion der Signalaufnahme, d.h. den funktionellen Zusammenhang zwischen der zu messenden Längenänderung und der Änderung des Betrags der Eingangsgröße,

die Einflußgrößen der Signalaufnahme, das sind Werkstoff, Form und Größe des Aufnahmeorgans und des Prüflings, die Hilfsenergie bzw. eine Hilfsgröße (z.B. Anodenspannung).

2.6 Signaldurchgang

Unter Signaldurchgang versteht man die Gesamtheit der beabsichtigten und der störenden Einflüsse, denen das Signal zwischen Signalaufnahme und Signalauswertung unterliegt. Die verschiedenen Aufbauprinzipien und Verwendungszwecke der Geräte erfordern, daß das Signal beim Durchgang Übersetzer, Verstärker und Wandler in verschiedenen Kombinationen durch-

---

1. Der Unterschied zwischen Fühler und Taster liegt in der Art ihrer Berührung mit dem die Meßgröße verkörpernden Gegenstand. Beim Fühlen ist diese Berührung ständig, beim Tasten ist sie intermittierend

läuft. Das Signal erfährt in jedem dieser Bauelemente typische beabsichtigte Veränderungen - z.B. Änderungen seines Betrages und seiner Art -, die durch die Grundfunktionen der einzelnen Bauelemente gegeben sind und die schließlich als Grundfunktion des gesamten Signaldurchganges zusammengefaßt werden können.

Außerdem unterliegt das Signal im allgemeinen Störungen, die durch die Einflußfunktionen jedes einzelnen Bauelementes und die Grundfunktionen der darauf folgenden Elemente beschrieben werden. Die Aneinanderreihung der Bauelemente des Signaldurchganges wird bestimmt durch das von der Signalaufnahme her zur Verfügung stehende Signal und durch die Art der Signalauswertung. Daraus ergeben sich die folgenden Forderungen an die einzelnen Bauelemente:

1. Die Art des Eingangssignals muß die gleiche sein wie die Art des Ausgangssignals des vorhergehenden Bauelementes.

2. Der Arbeitsbereich des Bauelementes muß so liegen, daß das Ausgangssignal des vorhergehenden Elementes in diesen fällt.

3. Das Ausgangssignal muß so groß sein, daß es den Ansprechbereich des folgenden Bauelementes überschreitet. Das Ausgangssignal des letzten Bauelementes im Signaldurchgang muß so groß sein, daß es zur Auswertung verwendet werden kann.

Durch diese Forderung ist der Aufbau eines Meßgerätes im wesentlichen bestimmt. Eine weitere Forderung an alle Bauelemente ergibt sich aus dem Verwendungszweck des Gerätes und den zu erwartenden Einflußgrößen:

Die Bauelemente dürfen durch die beim Einsatz des Gerätes zu erwartenden Einflußgrößen in ihrer beabsichtigten Funktion nicht beeinträchtigt werden.

2.7 Signalangabe

Nach Aufnahme und Verarbeitung beim Durchgang liegt bei der Angabe ein Signal vor, das zum Beobachten oder zum Steuern verwendet werden kann. In vielen Fällen besteht die Angabe auch im Aufzeichnen des Signals.

Sowohl die Signalangabe zum Zweck des Beobachtens wie auch des Steuerns kann in digitaler oder in analoger Weise erfolgen.

Eine digitale Signalangabe (Ja/Nein-Angabe) liegt dann vor, wenn vom Wert des Signals nur ausgesagt wird, ob er oberhalb oder ob er unterhalb einer bestimmten Grenze liegt. (Beispiel: Gut- und Ausschußanzeige durch Signallampen). Eine analoge Signalangabe liegt dann vor, wenn der Wert des Signals selbst wiedergegeben wird. (Beispiel: Zeiger eines Anzeigeinstruments).

Erfolgt eine digitale Signalangabe zur Beobachtung, so sei dieser Vorgang hier als "Abgrenzen" bezeichnet, erfolgt eine analoge Signalangabe zur Beobachtung, so bezeichnet man sie als "Anzeigen". Entsprechend heißt die digitale Signalangabe zum Steuern "Schalten", die analoge Signalangabe zum Steuern "Stellen".

Das Aufzeichnen eines Signals erfolgt, um das Signal festzuhalten. Dies ist bei sehr schnellen oder sehr langsamen Vorgängen nötig, um den zeitlichen Verlauf des Signals zu erfassen, oder um Größt- und Kleinstwerte des Signals feststellen zu können.

3. Experimentelle Untersuchungen der kennzeichnenden Eigenschaften von Meßgeräten zur Längenmessung

3.1 Einführung

3.11 Bisherige Untersuchungen

Obwohl Meßuhren seit jeher als Meß- und Prüfgeräte eine bedeutende Rolle spielten, wurden Untersuchungen ihrer Eigenschaften erst spät durchgeführt. KIENZLE [1] hat allerdings schon 1919 Beobachtungen über die Meßfehler beim Gebrauch von Minimetern veröffentlicht. Eine systematische Untersuchung der Fehler und Meßeigenschaften von Meßuhren wurde aber erst 1935 bis 1937 von BARZ [2] durchgeführt. Er konnte sich nur auf wenige vorher erzielte Versuchsergebnisse stützen [3], [4]. BARZ hat die zu seiner Zeit vor allem gebräuchlichen 1/100-Meßuhren untersucht und u.a. gezeigt, welche Auswirkungen die einzelnen Meßeigenschaften: Anzeigefehler, Umkehrspanne, Streuung, Meßkraft in den verschiedenen Anwendungsbereichen der Meßuhr haben.

Den stets steigenden Genauigkeitsforderungen entsprechend haben in den vergangenen Jahren vor allem Meßuhren und Feinzeiger mit Skalenwerten von 1 μ , gelegentlich sogar mit kleineren Skalenwerten, an Bedeutung gewonnen. Über die charakteristischen Eigenschaften dieser Meßgeräte, deren Funktionsprinzipien weitaus vielgestaltiger sind als die der 1/100-Meßuhren, sind keine objektiven Angaben bekannt. Vor allem fehlt eine vergleichsweise Gegenüberstellung der Vorzüge und Nachteile der verschiedenen Meßsysteme.

Bei der Untersuchung solcher 1/1000-mm-Meßgeräte kann allerdings auf die bei der Untersuchung von 1/100-Meßuhren gebräuchlichen Untersuchungsmittel und -methoden im allgemeinen nicht zurückgegriffen werden. Beispielsweise ist für die Prüfung der Anzeigegenauigkeit einer 1/1000-Uhr ein Prüfgerät mit einer Meßgenauigkeit von mindestens 0,2 µ nötig. Diese Genauigkeit kann aber nicht mit einer einfachen Mikrometerschraube, wie sie etwa von BARZ benutzt wurde, garantiert werden. Dasselbe gilt für die Messung der Umkehrspanne. Für ihre Überprüfung scheiden auch optische Meßmethoden (Maßstabablesung mit Spiralmikroskop o.ä.) aus, da auch sie normalerweise eine Einstell- und Ableseunsicherheit von 1 µ besitzen, die höchstens durch Wiederholen und Mittelbildung auf etwa 0,3 µ verringert werden kann.

3.12 Charakteristische Eigenschaften von Meßuhren und Feinzeigern [2]

Meßuhren und Feinzeiger werden im allgemeinen [3] durch die folgenden Angaben gekennzeichnet:

Skalenwert, Skalenteilgröße

Anzeigebereich und Meßbereich

Freihub

Anzeigefehler

Umkehrspanne

Meßkraft

Streuung

Eigenfrequenz, Dämpfung des Meßsystems.

Bei Geräten mit elektrischen Schaltkontakten kommen dazu noch die folgenden Größen:

Schaltgenauigkeit

Schaltspanne (entsprechend der Umkehrspanne)

Abhängigkeit der Schaltgenauigkeit von der Stößelgeschwindigkeit.

Ein Teil der angegebenen Größen, wie Skalenwert, Skalenteilgröße, u.a. charakterisieren lediglich gewisse Eigenschaften des Feinzeigers, die

---

2. Als Meßuhren bezeichnet die Norm Längenmeßgeräte mit Zeigerausschlägen ≥ 360°, wobei der Meßbolzenweg durch Zahnstangen und Zahnräder vergrößert angezeigt wird; als Feinzeiger werden dementsprechend Längenmeßgeräte mit Winkelausschlägen des Zeigers < 360° angesprochen

3. Siehe DIN-Blätter 878 und 879, wo ein Teil der aufgeführten Größen schon angegeben ist

möglicherweise für den Verwendungszweck und Benutzungsbereich von Bedeutung sind, die Richtigkeit einer Messung aber nicht beeinflussen. Die zweite Gruppe der angegebenen Größen: Anzeigefehler, Umkehrspanne, Meßkraft und Streuung hat demgegenüber unmittelbare Auswirkungen beim Meßvorgang, und führt zur Beeinflussung des Meßobjektes und zu Verfälschungen der Meßergebnisse.

Der größte Teil der angegebenen Größen ist schon im DIN-Blatt 878/2 aufgeführt. Es fehlen dort nur Angaben über das dynamische Verhalten von Meßuhren und über Meßuhren mit elektrischen Kontakten. Da das DIN-Blatt 878 ausdrücklich nur für Meßuhren mit Skalenwerten von 1/100 mm gilt, existieren bis heute keine entsprechenden Angaben für 1/1000-Meßuhren und auch für entsprechende Feinzeiger ist ein solches Normblatt erst in Vorbereitung.

Die zentrale Bedeutung der Meßkraft und ihres Verlaufes über den Meßweg ist aber weder in dem vorliegenden noch in dem geplanten DIN-Blatt herausgestellt und auch in den bekannten Literaturstellen sind keine näheren Angaben über die Ursachen und den großen Einfluß gerade dieser Größe zu finden.

Darüber hinaus fehlt aber vor allem noch die Einsicht in die Zusammenhänge zwischen den verschiedenen angegebenen Größen: Meßkraft, Anzeigefehler, Umkehrspanne und Streuung. Daß solche Zusammenhänge existieren, läßt die Betrachtung des "Systems" Meßuhr erwarten.

3.13 Die Meßuhr als abgeschlossenes System

Vor allem in der Elektrotechnik hat sich schon seit langer Zeit eine Betrachtungsweise durchgesetzt, die beliebig aufgebaute Bauteile einer Schaltung vereinfachend charakterisiert, indem sie als Block mit einem Eingang und einem Ausgang dargestellt werden. Die Eigenschaften eines solchen Blockes sind durch eine Zahl von Kenngrößen (z.B. Innenwiderstand, EMK, Kurzschlußstrom) festgelegt und es erübrigen sich damit alle Angaben über den genauen technischen Aufbau und die Wirkungsweise der Bauelemente.

Eine solche Betrachtungsweise sei hier auch für Meßuhren eingeführt, da sie einen Leitfaden für die durchzuführenden Untersuchungen darstellt und gleichzeitig ein Hilfsmittel zur Erkenntnis der Zusammenhänge bildet, die zwischen den einzelnen charakteristischen Größen bestehen.

Auch eine Meßuhr läßt sich als Blockbild darstellen. Der Eingang ist dabei durch den Meßbolzen, der Ausgang durch den Zeiger der Meßuhr gegeben. An beiden Stellen treten, da eine Messung nur durch Übertragung von Energie möglich ist, die Größen: Kraft und Weg auf. Während am Ausgang meist nur der Weg, nämlich die Anzeige interessiert, sind am Eingang Kraft und Weg und ihr gegenseitiger Zusammenhang von Interesse. Während der Zusammenhang zwischen dem Weg am Eingang und Ausgang durch das Übersetzungsverhältnis bestimmt ist, - das selbst keineswegs konstant sein muß - ist ein solcher Zusammenhang zwischen Eingangs- und Ausgangskraft nicht sinnvoll festzulegen, da die Meßuhr ein offenes System ist, d.h. vom Ausgang her keine äußeren Kräfte zurückwirken. Das ist so lange der Fall, als der Zeiger nicht zur Betätigung von Kontakten oder ähnlichem benutzt wird. Falls das System offen ist, wird es daher durch die Angabe einer weiteren Größe völlig charakterisiert. Sie stellt den Zusammenhang dar zwischen den Kräften, die am Eingang bzw. am Ausgang wirksam sind und den Bewegungen, die am Ausgang bzw. am Eingang durch sie hervorgerufen werden. Sie sei als "Innere Nachgiebigkeit" bezeichnet. Auf ihre Bedeutung wird später eingegangen.

3.14 Ziel und Umfang der neuen Untersuchungen

Das Ziel der vorliegenden Arbeit ist es, zunächst Werte über die heute erreichten Größen der Meßkraft, Anzeigegenauigkeit, Umkehrspanne und Streuung, ihre Ursachen und ihre Zusammenhänge zu ermitteln. Das setzt voraus, daß zuerst genaue Meßmethoden zur Bestimmung der einzelnen Fehlergrößen gefunden und Untersuchungen an einer genügend großen Zahl von Meßuhren bzw. Feinzeigern durchgeführt werden, so daß mit genügender Sicherheit allgemeine Aussagen gemacht werden können.

Dementsprechend gliedert sich der erste experimentelle Teil der Arbeit in vier Kapitel, die der Untersuchung der Meßkraft, der Anzeigefehler, der Umkehrspanne und der Streuung gewidmet sind. Auf die Ursachen der kennzeichnenden Eigenschaften und ihre gegenseitigen Zusammenhänge wird in den einzelnen Kapiteln eingegangen.

Ein zweiter experimenteller Teil wird sich mit der Untersuchung dynamischer Effekte (Zeitverhalten) von Längenmeßgeräten befassen, wobei vor allem pneumatische Geräte verschiedener Systeme besprochen werden.

Zur Untersuchung standen etwa 60 Meßuhren und Feinzeiger mit 1/1000 mm Skalenwert zur Verfügung. In der Darstellung und Auswertung der Versuche nimmt vor allem das erste Kapitel, die Bestimmung der Meßkraft, einen breiten Raum ein, da hier der Ausgangspunkt für die Erfassung der Zusammenhänge zwischen den verschiedenen charakteristischen Größen liegt.

3.2 Die Meßkraft

3.21 Die Messung der Meßkraft, Grundsätzliches

Zur Bestimmung der Meßkraft einer Meßuhr eignet sich im Prinzip jede Kraftmeßeinrichtung, im einfachsten Falle also eine Waage. Solche Einrichtungen, die nach Art einer Briefwaage aufgebaut sind, werden von der Meßwerkzeug-Industrie angeboten [5]. Eine speziell aufgebaute Balkenwaage wurde von BARZ [2] verwendet. Nachteilig ist bei all diesen Meßeinrichtungen die große Nachgiebigkeit [4] der normalen Balkenwaage, die der Empfindlichkeit proportional ist. Sie bedingt, daß auch bei großen Änderungen des Schalenweges nur geringe Kraftänderungen auftreten und führt bei gebräuchlichen Meßuhren sogar zu ausgesprochen falschen Meßergebnissen. Der Grund dafür liegt in den unvermeidlichen Reibungskräften, die im Meßwerk einer Meßuhr wirksam sind, und die bekanntlich von den Bewegungsgeschwindigkeit abhängen. Dies führt zu folgendem Effekt:

Wird der Meßbolzen auf die Waagschale gesetzt, so tritt bei einer Bewegung des Feinzeigers gegen die Waagschale eine Auslenkung des Waagebalkens auf, ohne daß sich der Meßbolzen verschiebt, da die Haftreibung in den beweglichen Teilen des Feinzeigers seine Bewegung verhindert. Erst wenn die Auslenkung des Waagbalkens so groß und damit die Rückkraft so stark geworden ist, daß die Haftreibung überwunden wird, erfolgt ein plötzliches Zurückpendeln der Waage weit über die Ausgangslage hinaus. Dieselben Verhältnisse ergeben sich bei Verwendung einer empfindlichen, d.h. nachgiebigen Federwaage.

Man sieht daraus, daß eine eindeutige Bestimmung der Meßkraft - die zugleich den Betriebsbedingungen nahekommt - nicht bei stillstehendem, sondern nur bei bewegtem Meßbolzen erfolgen kann, damit Slip-Stick-Effekte ausgeschaltet werden.

---

4. In der vorliegenden Arbeit wird stets von Nachgiebigkeit gesprochen und nicht von Steifigkeit. Da es sich bei Längenmessungen immer um Wegmessungen handelt, ist der - wegbezogene - Begriff der Nachgiebigkeit naheliegender als der - kraftbezogene - Begriff der Steifigkeit. Beide Größen sind einander umgekehrt proportional

Andererseits darf die Geschwindigkeit des Meßbolzens nicht zu groß sein, weil sonst zusätzliche Massenkräfte auftreten. Außerdem muß die Meßanordnung sehr steif ausgeführt sein, d.h. es dürfen bei der Kraftbestimmung nur sehr kleine Wege auftreten. Da der Verlauf der Meßkraft längs des tatsächlichen Meßweges interessiert, sollte mit der Meßkraft auch der Meßweg aufgenommen werden.

Damit ergeben sich für die Bestimmung der Meßkraft die folgenden Gesichtspunkte:

Eine visuelle Messung scheidet aus.
Die Meßkraft muß registriert werden, hierzu wird sie am besten elektronisch aufgenommen.

Die bei einer solchen Meßkraftbestimmung nötige Messung des Meßweges, die erst eine eindeutige Zuordnung ermöglicht, muß wegen des gegenseitigen Zusammenhanges zwischen Meßkraft und Meßweg vollkommen kräftefrei, d.h. berührungsfrei erfolgen.

Da der Meßweg registriert werden muß, kommt eine optische Messung nicht in Frage, so daß auch hier eine elektronische Meßmethode angewendet wird. Sie ist auch wegen der meist kleinen und je nach Meßbereich veränderlichen Meßwege angebracht.

Wegen der an Meßuhren auftretenden Reibungseffekte (Slip-Stick-Effekte) muß die Anordnung zur Verschiebung der Meßuhr so ausgeführt sein, daß hier mit Sicherheit keine Slip-Stick-Effekte auftreten. Am besten haben sich hierbei rollengelagerte Schlittenführungen bewährt. Unter gewissen Vorsichtsmaßnahmen wurden allerdings auch mit gleitgeführten Meßschlitten gute Ergebnisse erzielt.

3.22 Experimentelle Ausführungen der Meßkraft-Messung

Erste Ausführungsformen

In der ersten Versuchsausführung wurde für die Kraftmessung eine Biegefeder mit aufgeklebten Dehnungsmeßstreifen verwendet. Die Meßeinrichtung arbeitete hysteresefrei, hatte aber eine verhältnismäßig große Nachgiebigkeit, so daß bei der Meßbolzenbewegung bei einzelnen Feinzeigern Slip-Stick-Effekte auftraten, die eine genaue Bestimmung der Meßkraft unmöglich machten. Eine Verbesserung ergab sich mit einem zweiten Kraftmeßelement, das ebenfalls nach dem Dehnungsmeßstreifenprinzip arbeitete (Abb. 9).

Abbildung 9

Meßkraft-Meßelement, erste Ausführung

Es besteht aus zwei Kämmen K_1 und K_2, deren oberer feststeht, während der untere mit einer Brücke verbunden ist, auf die sich die Meßuhr abstützt. Zwischen beiden Kämmen ist ein 0,02 mm starker Widerstandsdraht gespannt. Unter dem Einfluß der Meßkraft tritt eine Dehnung des Drahtes ein, die als Widerstandsänderung mit einer elektronischen Brücke meßbar ist. Die Nachgiebigkeit dieses Meßelementes war bei gleicher Empfindlichkeit wesentlich geringer als die der Biegefeder. Nachteilig war die große mechanische Empfindlichkeit, die bei geringer Überlastung zum Bruch des Widerstandsdrahtes führte.

Endgültige Ausführung

Nach den nicht völlig befriedigenden Erfahrungen mit Dehnungsmeßstreifen-Elementen wurde später zu induktiven Meßmethode übergegangen und ein neues Kraftmeßelement entwickelt und gebaut. Zur Kraftmessung wurde wieder eine Biegefeder verwendet, deren Auslenkung nun induktiv gemessen wird. Die Schnittzeichnung (Abb. 10) zeigt den Aufbau dieses Kraftmeßelementes.

Mit dem Grundkörper K ist die Meßfeder F fest verschraubt. Mit ihr ist ein zylindrischer Anker A verbunden, der sich berührungsfrei zwischen den Spulen Sp_1 und Sp_2 bewegt. Zur Messung der Meßkraft sitzt der Meßbolzen der untersuchten Meßuhr auf dem ebenen Amboß M auf, der in der Achse des Ankers mit der Meßfeder verschraubt ist. Unter dem Einfluß der Meßkraft erfolgt eine geringe Auslenkung der Meßfeder und damit eine

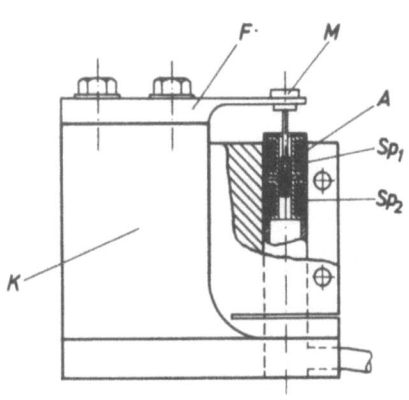 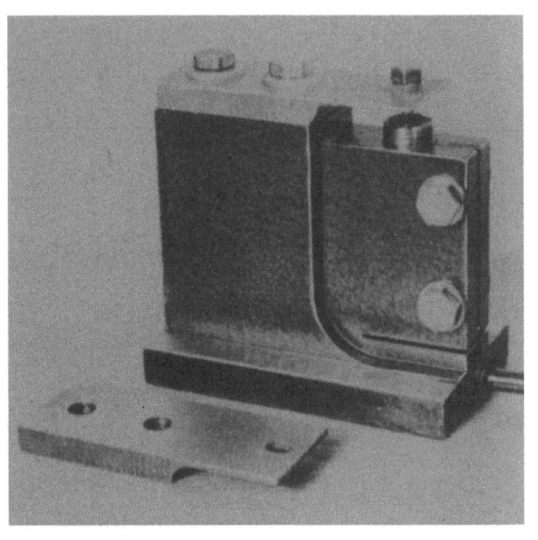

Abbildung 10
Induktives Kraftmeßelement
(schematisch)

Abbildung 11
Induktives Kraftmeßelement
mit zweiter Meßfeder

Verschiebung des Ankers im Luftspalt der Spulen. Die dadurch bewirkte Änderung des induktiven Spulenwiderstandes moduliert das Eingangssignal eines Trägerfrequenz-Verstärkers.

Nach entsprechender Verstärkung und Demodulation steht am Ausgang des Verstärkers eine dem Eingangswert, d.h. der Ankerverschiebung zugeordnete Spannung zur Verfügung. Sie kann entweder an dem im Verstärker eingebauten Zeigerinstrument unmittelbar abgelesen oder durch einen Schleifenoszillographen registriert werden. Da der verwendete Verstärker (Hottinger-KWS 2) mit einer Trägerfrequenz von 5 kHz arbeitet, können Meßwertschwankungen im Frequenzbereich von 0 bis 1000 Hz ohne Verzerrung erfaßt werden.

Abbildung 11 zeigt eine Ansicht des Kraftmeßelementes. Für die verschiedenen Kraftmeßbereiche stehen Meßfedern mit Nachgiebigkeiten von 30 μ/kp bis 7 μ/kp zur Verfügung. Trotz der geringen Nachgiebigkeit, d.h. der geringen Federauslenkungen im interessierenden Kraftbereich (maximal bis zu 3 μ) arbeitet das Element vollkommen hysteresefrei und linear. Dies zeigt die Eichkurve für 2 Meßfedern in Abbildung 12.

3.23 Die Messung der Meßbolzenverschiebung

Zur Messung der Meßbolzenverschiebung wurde zunächst eine kapazitive Meßmethode verwendet. Am Meßbolzen war eine kleine Kondensatorplatte angebracht, die zwei festen Platten gegenüberstand und damit einen

Differentialkondensator bildete. Die Kapazitätsänderung bei einer Verschiebung des Meßbolzens wurde mit einer Wechselstrombrücke gemessen. Der lineare Bereich der Meßanordnung betrug allerdings nur 1/10 mm, so daß nur Messungen an Feinzeigern mit kleinem Meßbereich möglich waren. Durch Verwendung eines induktiven Wegmeßelementes ließ sich der lineare Bereich auf über 1 mm steigern und war so für die meisten Zwecke aus-

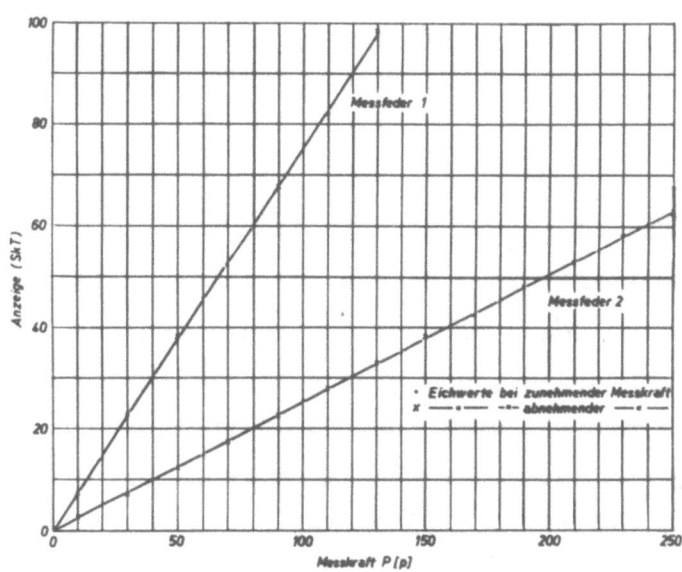

Abbildung 12

Eichkurve des **Kraftmeßelementes**

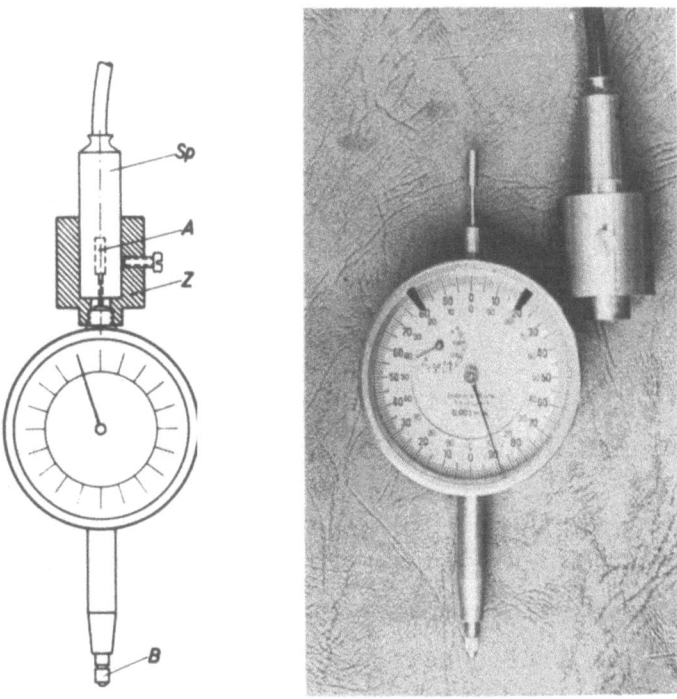

Abbildungen 13a und b

Induktive Messung der Meßbolzenverschiebung

reichend. Bei Meßuhren, deren Meßbolzen nach oben aus dem Gehäuse herausgeführt ist, wird das Meßelement fest mit der Uhr verbunden, wie in Abbildung 13a und b gezeigt ist.

Hier ist der Anker A des induktiven Meßsystems mit dem Meßbolzen B verschraubt, während der Spulenträger Sp über ein Zwischenstück Z mit dem Meßuhrgehäuse verbunden ist. In anderen Fällen, wo eine solche Anordnung nicht möglich war, wurde in einer Weise verfahren, wie sie im folgenden Abschnitt geschildert ist. Von wesentlicher Bedeutung ist in jedem Falle, daß durch die Wegmessung keinerlei Kräfte auf das Meßobjekt übertragen werden. Dies ist bei reibungsfreier Führung des Ankers zwischen den Spulen aber gewährleistet.

3.24 Die Meßanordnung zur Aufnahme der Meßkraft-Meßweg-Kurve

Die Aufnahme der Meßkraft einer Meßuhr in Abhängigkeit vom Meßweg erfordert die gleichzeitige Registrierung der Kraft und des Meßwegs. Die Meßuhr wird dabei so angeordnet, daß eine gleichmäßige, ruckfreie Verschiebung des Meßbolzens erzielt wird. Bei den Untersuchungen wurde hierzu der Längsschlitten des Zeiss-Universalmeßmikroskops, in manchen Fällen auch der Tisch eines Leitz-Perflektometer-Komparators verwendet.

Die grundsätzliche Meßanordnung zeigt Abbildung 14.

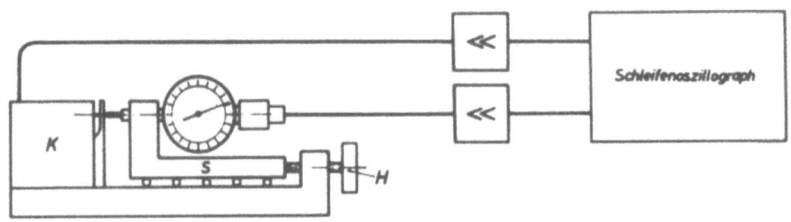

A b b i l d u n g   14

Anordnung zur Aufnahme der Meßkraft-Meßweg-Abhängigkeit

Die zu untersuchende Meßuhr ist in horizontaler Lage auf dem leichtbeweglichen Schlitten S aufgespannt und läßt sich durch Drehen des Handrades H gegenüber dem Kraftmeßelement K bewegen. Die der jeweiligen Meßkraft und dem zugehörigen Meßweg entsprechenden Spannungen werden in zwei Verstärkern verstärkt und zwei Kanälen eines Schleifenoszillographen zugeführt.

Zu einer vollständigen Messung gehört außer der Aufnahme der Meßkraft
des Feinzeigers in beiden Meßrichtungen die Registrierung der Weg- und
der Krafteichung.

Dabei wird die Wegeichung durch Einstellen entsprechender Skalenwerte
an der Meßuhr selbst durchgeführt, während zur Krafteichung bei abgehobenem Meßbolzen verschiedene Gewichte über eine Umlenkrolle an das -
horizontal liegende - Kraftmeßelement angehängt werden.

Das verkleinerte Bild eines vollständigen Oszillogramms zeigt Abbildung 15.

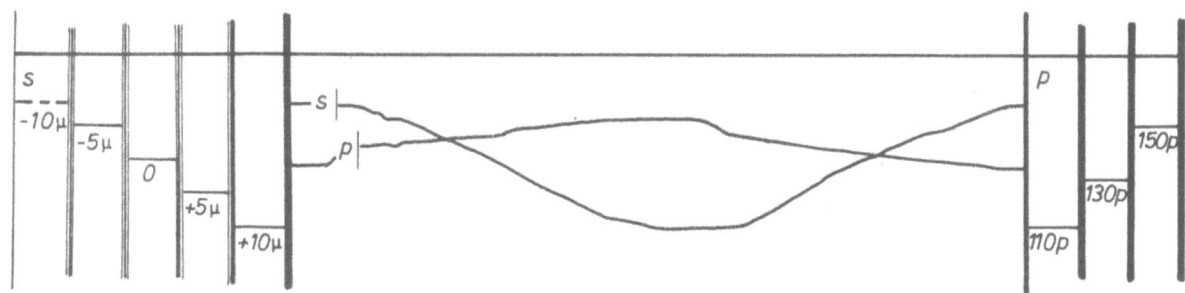

A b b i l d u n g   15
Oszillogramm der Meßkraft-Meßweg-Abhängigkeit

Im linken Teil des Oszillogramms ist die Wegeichung registriert, die in
Stufen von 5 zu 5 μ durchgeführt wurde. Dann folgt die Aufnahme der
Kraft- und der Wegkurve, die einen Bereich von -10 μ bis +10 μ umfaßt.
Schließlich zeigt der rechte Teil des Oszillogramms die Krafteichung,
die den interessierenden Bereich von 110 bis 150 p umfaßt.

In Fällen, wo die Wegmessung nicht an der Meßuhr selbst erfolgen kann
- das ist immer dann der Fall, wenn der Meßbolzen nach oben nicht aus
der Meßuhr herausgeführt ist -, wird stattdessen die Verschiebung des
Meßschlittens gemessen, die, von der geringen Auslenkung der Meßfeder
abgesehen, mit der Meßbolzenverschiebung identisch ist.

Eine in dieser Weise aufgebaute Meßanordnung zeigt Abbildung 16. Die
Meßuhr M ist gemeinsam mit dem induktiven Wegmeßelement W auf den beweglichen Schlitten S einer Längenmeßmaschine aufgespannt. An der feststehenden Bettwange ist ein Ausleger befestigt, der das Kraftmeßelement
K trägt. An seiner Rückseite ist der feststehende Anker A für das Weg-

meßelement verschraubt. Zur Messung wird der Schlitten durch Drehen an dem rechts im Bild sichtbaren Handrad innerhalb des Meßbereiches in beiden Richtungen bewegt.

A b b i l d u n g   16
Versuchsaufbau zur Bestimmung der Meßkraft - Meßweg - Abhängigkeit

3.25 Meßunsicherheit

Da sowohl die Kraftmessung wie auch die Wegmessung reibungs- und damit hysteresefrei erfolgen, bestimmt sich die Meßunsicherheit aus der Eichgenauigkeit von Kraft und Weg, aus der Konstanz des Nullpunkts und des Verstärkungsfaktors der beiden elektronischen Verstärker und aus der Auswertegenauigkeit der Oszillogramme.

Die Versuche ergaben, daß bei der Kraftmessung mit einem Fehler von $\pm$ 2 p (im Meßbereich bis 300 p) zu rechnen ist, während die Wegmessung mit einem Fehler von ca. 3 % behaftet ist. Nach genügend langer Einlaufzeit treten Verstärkungsänderungen oder Nullpunktverschiebungen während der Durchführung einer Meßreihe nicht ein. Die Auswertegenauigkeit der Oszillogramme darf mit ca. 1 % des bei der jeweiligen Messung erreichten Maximalwertes für Kraft und Weg angenommen werden.

Soweit die Wegmessung nicht unmittelbar am Meßbolzen erfolgt, sondern durch die Messung des Verschiebeweges am Meßschlitten ersetzt wird (s. Abb. 16), so tritt noch ein Wegfehler durch die Nachgiebigkeit des Kraftmeßelementes ein.

Bei Feinzeigern mit kleinem Meßbereich tritt dieser Fehler nicht stark in Erscheinung, weil die Meßkraftänderungen und die damit zusammenhängenden Wege nicht groß sind. Sie führen zu Fehlern unter 1 µ. Bei Meßuhren mit großem Meßweg ergeben sich maximale Wegfehler bis zu 5 µ, die aber schon bei Meßwegen von 1 mm nurmehr als Unsicherheit von 5 % in Erscheinung treten. In Fällen, wo diese Fehler stören, wurden sie durch Rechnung eliminiert (s.S. 83).

Bei der Bestimmung der Meßkraft-Meßweg-Abhängigkeit ergibt sich damit für die in erster Linie interessierende Kraftmessung eine Unsicherheit des einzelnen Meßwertes von ca. 5 %, für die Wegmessung dürfte die Unsicherheit ca. 4 % betragen.

3.26 Die Meßergebnisse

3.261 Allgemeine Ergebnisse

Die Auswertung eines Oszillogramms erfolgt in der Weise, daß auf der Wegkurve mit Hilfe der Wegeichung der Verschiebeweg des Meßbolzens festgelegt wird (z.B. in Intervallen von 10 µ). Dann wird an den so markierten Stellen die jeweilige Meßkraft aus der Kraftkurve entnommen. Verschiebeweg und zugehörige Meßkraft werden als Abszisse und Ordinate in ein kartesisches Koordinatensystem eingetragen.

Trägt man die Meßkraft beim vollen Durchfahren des Meßbereichs, d.h. bei einer vollen Hin- und Herbewegung des Meßbolzens, als Ordinate über dem Meßweg auf, so erhält man Kurven der in Abbildung 17 dargestellten Art.

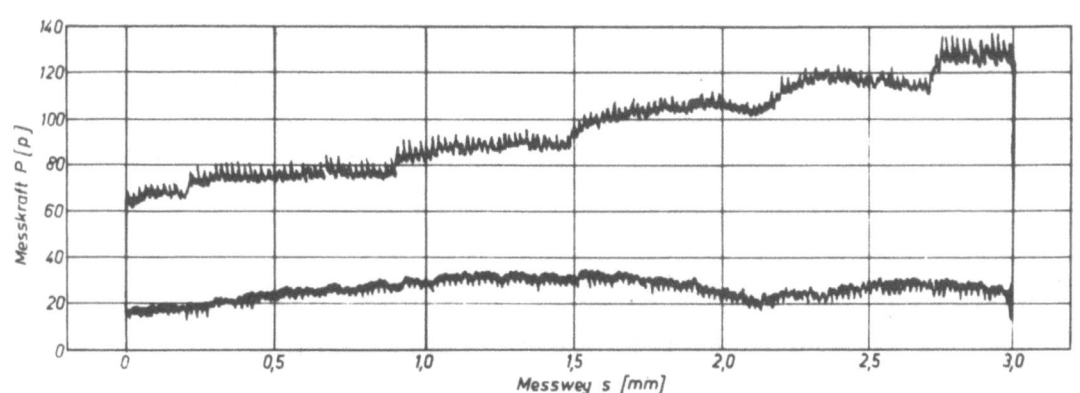

A b b i l d u n g   17
Abhängigkeit zwischen Meßkraft und Meßweg

Man entnimmt dieser als Beispiel gezeigten Meßkraftkurve zunächst folgendes:

1. Die Meßkraft ist über dem Meßbereich nicht konstant.
2. Die Meßkraft nimmt bei hineingehendem und herausgehendem Meßbolzen erheblich verschiedene Werte an, d.h. zu jedem Abszissenwert gehören zwei Ordinatenpunkte. Die Kurve stellt also eine typische Hysterese-Kurve dar. Der Unterschied der Meßkraft bei gleicher Anzeige wird im folgenden als "Meßkraftspanne" bezeichnet.
3. Es sind periodische Schwankungen der Meßkraft mit verschiedener Periodenlänge vorhanden.
4. Die Meßkraftspanne ist über dem Meßbereich nicht konstant.

Die grundsätzliche Erklärung für dieses Verhalten wird im folgenden Kapitel gegeben, während auf Einzelheiten erst bei der Besprechung spezieller Versuchsergebnisse eingegangen wird.

3.262 Die Analyse der Meßkraft

In Abbildung 18 ist der Aufbau einer 1/1000-Meßuhr schematisch gezeigt: Die Längsverschiebung des Meßbolzens B wird durch eine Zahnstange in eine Drehbewegung der Welle III gewandelt. Diese Drehung überträgt sich nach zweistufiger Übersetzung auf die Zeigerwelle I. Eine Schraubenfeder F_1, die zwischen Gehäuse und Meßbolzen befestigt ist, sorgt für

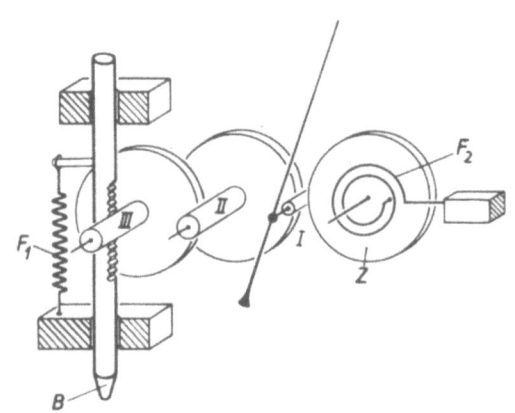

A b b i l d u n g   18
Aufbauschema einer 1/1000-Meßuhr

die ständige Anlage des Meßbolzens am Meßobjekt. Die Spiralfeder F_2 bewirkt durch leichte Vorspannung über das Zahnrad Z, daß das Zahnspiel des Getriebes beseitigt wird.

Aus diesem Schema geht hervor, daß am Meßbolzen folgende Kräfte wirksam werden können:

1. Die durch die Schraubenfeder F_1 bedingte Federkraft, die das Anpressen des Meßbolzens an das Meßobjekt bewirkt. Sie ist der Federlängung s proportional, sofern nicht durch geeignete Federanordnung oder Zwischenschaltung von Abrollkurven diese Abhängigkeit ausgeschaltet wird, und ist zum Teil für die Inkonstanz der Meßkraft verantwortlich.

2. Die Reibungskraft R_1 des Meßbolzens in seiner Führung. Sie ist der jeweiligen Bewegungsrichtung des Meßbolzens entgegengerichtet und bewirkt dadurch eine Vergrößerung der durch F_1 verursachten Meßkraft bei hereingehendem und eine Verkleinerung bei herausgehendem Meßbolzen. Die Reibungskräfte sind für die Meßkraftspanne verantwortlich.

3. Die Zwangskräfte P_z, die durch schlechte Zahnform, unrichtige Teilung, Rundlauffehler und falsche Abstandsverhältnisse erzeugt werden. Sie haben weitgehend periodischen Charakter und bewirken die Schwankungen der Meßkraft.

4. Die durch die Spiralfeder F_2 erzeugte Reaktionskraft, die das Zahn- und Lagerspiel im Meßuhrgetriebe ausschalten soll und, entsprechend der Getriebeübersetzung verstärkt, am Meßbolzen wirksam wird. Auch sie nimmt, wie die unter 1. besprochene Kraft, längs des Meßweges zu und ist damit auch für die Inkonstanz der Meßkraft verantwortlich.

5. Die Reibungskräfte R_2, die beim Abwälzen der Getriebezahnräder und durch Lagerreibung auftreten. Sie sind von der Größe der an den Zahnflanken und in den Lagern wirkenden Kräften und demnach von der Getriebevorspannung abhängig. Dadurch verändern sie längs des Meßwegs ihre Größe und verursachen die Inkonstanz der Meßkraftspanne.

Damit setzt sich die Meßkraft im wesentlichen aus den fünf Komponenten zusammen:

$$P(s) = c_1 \cdot s \pm R_1 + P_z + c_2 \cdot \varphi(s) \pm R_2(s) \ .$$

Diese allgemeine Analyse soll nun durch Untersuchungsergebnisse einzelner Meßuhren und Feinzeiger erweitert werden, wobei der Einfluß der verschiedenen Bauelemente auf den Meßkraftverlauf eingehender besprochen wird.

3.263 Einzelne Untersuchungsergebnisse

Vorbemerkung: Die im folgenden wiedergegebenen Meßkraftkurven sind durch punktweise Auswertung der Oszillogramme gewonnen. Die Zahl der Meßpunkte wurde dabei in jedem Fall so groß gewählt, daß der Kurvenverlauf mit großer Genauigkeit festgelegt werden konnte. Die einzelnen Meßpunkte wurden nur aus Gründen der Übersichtlichkeit nicht in den Diagrammen vermerkt.

3.2631 1/1000-Meßuhr (Type A)

Skalenwert 1 μ, Anzeigebereich 1 mm, Abbildung 19.

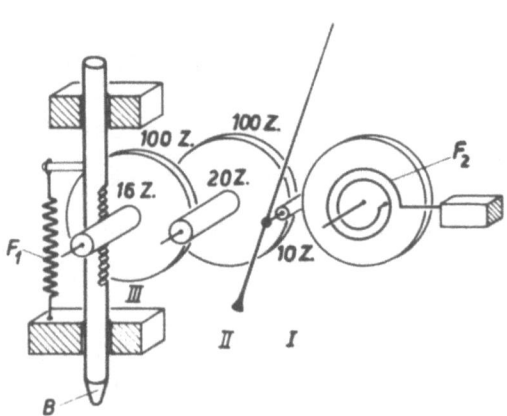

A b b i l d u n g   19
Aufbauschema

Den grundsätzlichen Aufbau dieser Meßuhr zeigt Abbildung 19, in der auch die Zähnezahlen der einzelnen Getrieberäder und Ritzel vermerkt sind. Die Teilung der Zahnstange beträgt 0,625 mm, eine volle Zeigerumdrehung entspricht 200 μ. Damit tritt ein Zahneingriff bei folgenden Meßbolzenverschiebungen ein:

Ritzel I : $s = \frac{200}{10} = 20\ \mu$, oder 50mal beim Durchfahren des Meßbereichs

Ritzel II : $s = 20 \cdot \frac{100}{20} = 100\ \mu$, oder 10mal beim Durchfahren des Meßbereichs

Ritzel III : $s = 100 \cdot \frac{100}{16} = 625\ \mu$, oder 1,6mal beim Durchfahren des Meßbereichs

Das Ergebnis der Meßkraftbestimmung zeigt Abbildung 20. Hier stellt die ausgezogene Kurve den Grundverlauf der Meßkraft dar, an dem außer dem

Anstieg längs des Meßwegs eine Meßkraftschwankung mit der Periodenlänge 100 μ auffällt. Diesen Grundverlauf ist die Periode mit der Länge 20 μ überlagert.

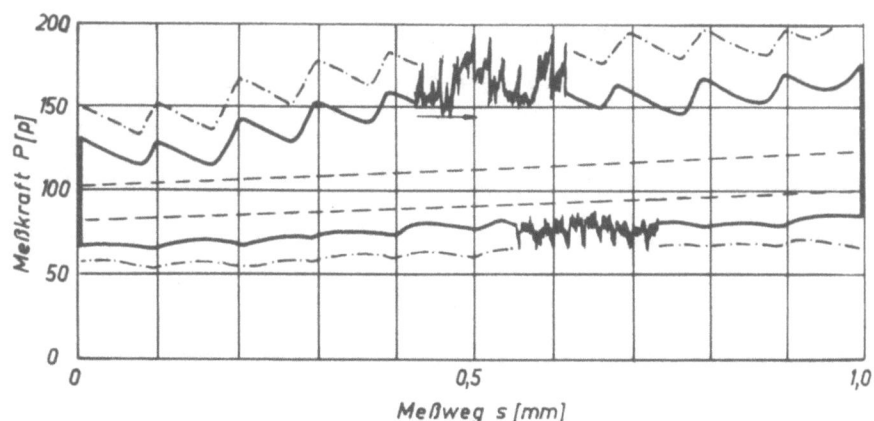

Abbildung 20
Meßkraftkurve

Die Größe dieser periodischen Störung ist hier durch eine strichpunktierte Linie angedeutet, und nur an je einer Stelle im ansteigenden und im absteigenden Ast der Meßkraftkurve ist ein Ausschnitt aus dem Oszillogramm im entsprechenden Maßstab eingefügt, der den Verlauf der durch den Zahneingriff hervorgerufenen Störungen genauer wiedergibt.

Es handelt sich bei diesen periodischen Störungen entsprechend dem oben Gesagten um Kräfte, die beim Zahneingriff zwischen den Wellen I und II und zwischen den Wellen II und III auftreten. Die ebenfalls berechnete Störung mit einer Periodenlänge von 625 μ ist nicht festzustellen, da sie im gemessenen Bereich nur 1,6 Mal auftreten kann.

Die Meßkraftkurve zeigt eine Meßkraftspanne, die im Mittel 80 p beträgt und deren Wert längs des Meßweges zunimmt. Die Größe der periodischen Kraftschwankungen ist im Meßbereich nicht konstant und von der Bewegungsrichtung des Meßbolzens abhängig. Die Größe der Kraftschwankung mit der Periodenlänge 20 μ beträgt im Mittel 30 p; mit der Periodenlänge 100 μ schwankt die Kraft im Mittel um 20 p.

Zur Bestimmung der Meßkraft des Meßbolzens allein wurde das Getriebe stillgesetzt. Dazu wurde das Ritzel III außer Eingriff gebracht, indem das ganze Werk um die Zeigerwelle von der Zahnstange weggedreht wurde. Die gestrichelte Kurve in Abbildung 20 zeigt, daß der Einfluß der Meßbolzenführung auf den Meßkraftverlauf gering ist, daß aber bis zu 70 % der Meßkraftspanne auf Kosten der Vorspannfeder F_2 gehen. Außerdem wird deutlich, daß der Anstieg der Meßkraft nicht allein durch die Rückholfelder F_1 bedingt ist, sondern auch wesentlich durch die Vorspannfeder F_2 des Getriebes verursacht wird.

Die Meßkraftspanne wie auch die Größe der periodischen Störungen im Einklang mit dem durch Augenschein gewonnenen Eindruck, daß es sich bei der untersuchten Meßuhr um ein Fabrikat handelt, dessen Getrieberäder, Meßbolzenführung und Lagerungen nur mit bedingter Sorgfalt gefertigt sind.

3.2632 1/1000 Meßuhr (Type B)

Skalenwert 1 μ , Anzeigenbereich 3 mm, Abbildung 21.

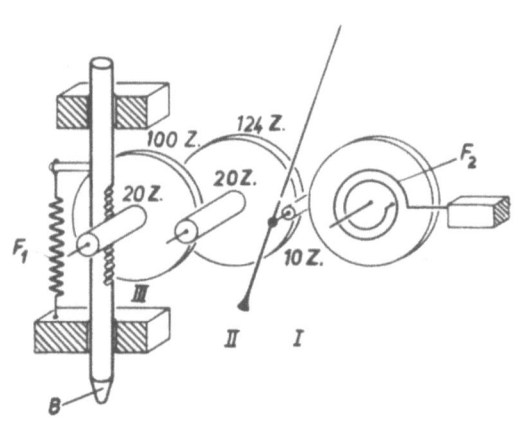

A b b i l d u n g   21
Aufbauschema

Das Getriebeschema enspricht dem der Type A, jedoch haben die Räder zum Teil andere Zähnezahlen. Aus dem Getriebeschema (Abb. 21) und der Vollkreisanzeige von 200 μ ergeben sich die folgenden Zahneingriffs-Perioden:

Ritzel I   : s = $\frac{200}{10}$ = 20 μ , oder 150mal beim Durchfahren des Meßbereichs

Ritzel II   : s = 20 · $\frac{124}{20}$ = 124 μ , oder 24mal beim Durchfahren des Meßbereichs

Ritzel III : s = 124 · $\frac{100}{20}$ = 620 μ , oder 4,8mal beim Durchfahren des Meßbereichs

Die Meßkraftkurve (Abb. 22) zeigt, daß die mittlere Meßkraft wesentlich geringer ist als die der Type A. Sie beträgt hier im Mittel nur etwas mehr als 40 p. Auch der Kraftanstieg ist mit ca. 10 p/mm bedeutend flacher als bei der Type A. Auch die Meßkraftspanne, die im Mittel 30 p beträgt, ist kleiner.

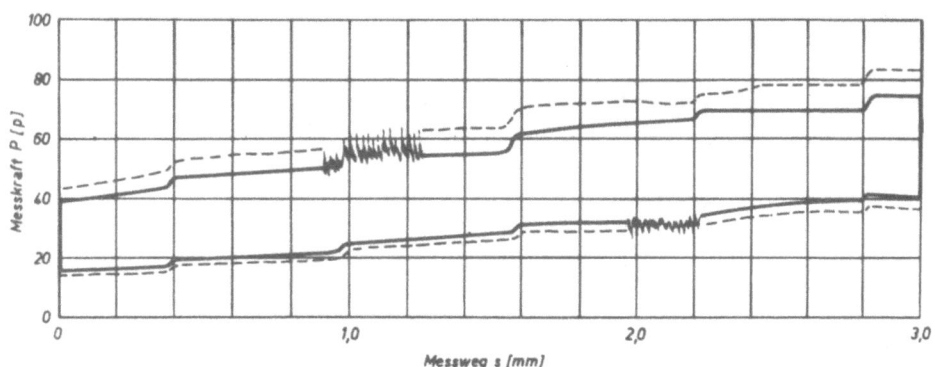

Abbildung 22
Meßkraftkurve

Wieder treten periodische Meßkraftschwankungen in Erscheinung, die vom Zahneingriff des Zeigerritzels in das Rad der Welle II, und vom Eingriff des Ritzels der Welle III in die Zahnstange herrühren.

Der Zahneingriff des Zeigerritzels bedingt Kraftschwankungen von ca. 10 p im ansteigenden und von ca. 3 p im absteigenden Ast der Meßkraftkurve, der Eingriff des Zahnstangenritzels hat Kraftschwankungen von ca. 5 p im ansteigenden und von ca. 3 p im absteigenden Ast der Meßkraftkurve zur Folge.

Auch bei dieser Type ist eine Zunahme der Meßkraftspanne längs des Meßwegs festzustellen, die kurzperiodischen Störungen nehmen ebenfalls über dem Meßbereich an Größe zu. Dies erklärt sich aus der Tatsache, daß beim Abwälzen der Zahnräder auch Gleitbewegungen eintreten. Die hierbei auftretenden Reibkräfte beeinträchtigen die gleichmäßige Übertragung eines Drehmomentes und treten so in der Meßkraftkurve in Erscheinung. Sie sind nach dem Reibungsgesetz von der Normalkraft und damit von der Größe der Getriebevorspannung abhängig und werden damit am Ende des Meßwegs (hohe Vorspannung) größer. Damit erklärt sich auch die unterschiedliche Größe der periodischen Störungen im ansteigenden und im absteigenden Ast der Meßkraftkurve.

Meßkraftanstieg, Meßkraftspanne und Meßkraftschwankungen erreichen bei der vorliegenden Meßuhr wesentlich geringere Werte als bei der vorher erwähnten Meßuhr der Type A. Dies ist umso auffälliger, als die Meßbereiche der beiden Meßuhren sich wie 3:1 verhalten! Es zeigt andererseits, daß durch sorgfältige Konstruktion und Fertigung auch bei grundsätzlich gleichem Aufbau wesentlich verbesserte Eigenschaften erzielt werden können.

3.2633 Feinzeiger mit längsverschieblichem Meßbolzen (Type C)

Skalenwert 1 µ , Meßbereich 100 µ , Abbildung 23.

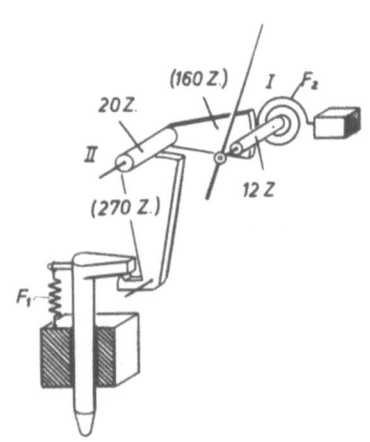

A b b i l d u n g   23
Aufbauschema

Das Aufbauschema dieses Feinzeigers zeigt Abbildung 23. Im Prinzip gleicht es dem Getriebeschema der besprochenen 1/1000-Uhren, nur sind Zahnstange und Ritzel III durch eine Schneide und Amboß ersetzt. Dies ist wegen des kleinen Meßbereichs hier - im Gegensatz zur Meßuhr - möglich. Anstelle von vollen Zahnrädern sind Zahnsegmente verwendet (Die eingeklammerten Zähnezahlen beziehen sich hierbei auf das volle Zahnrad). Eine halbe Zeigerumdrehung entspricht einer Meßbolzenverschiebung von 90 µ . Dementsprechend sind folgende Periodenlängen durch Zahneingriffs-Störungen möglich:

Ritzel I : $s = \frac{90}{6} = 15$ µ , oder 5mal beim Durchfahren des Meßbereichs,

Ritzel II : $s = 15 \cdot \frac{160}{20} = 120$ µ , oder 0,8mal beim Durchfahren des Meßbereichs.

Das in Abbildung 24a dargestellte Meßkraftdiagramm (ausgezogene Kurve) zeigt vor allem im unteren Ast der Meßkraftkurve die Störkraft mit der Periodenlänge 15 µ. Ein vom Ritzel II herrührender Störeinfluß ist kaum zu erkennen. Den Anteil an der gesamten Meßkraft, der durch die am Meßbolzen wirkenden Kräfte (Reibung in der Stößelführung, Rückholfeder) verursacht ist, zeigt die gestrichelte Kurve. Sie wurde wieder durch Stillsetzen des Getriebes gewonnen.

Die gegenseitige Lage der beiden Kurven macht deutlich, daß die durch die Spiralfeder F_2 erzeugte Getriebevorspannung der durch die Feder F_1

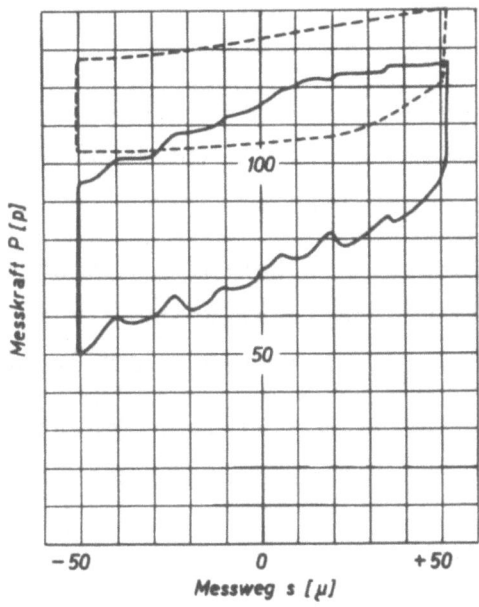

Abbildung 24a
Meßkraftkurve eines Feinzeigers

erzeugten Anpreßkraft des Meßbolzens entgegengerichtet ist. Das bedeutet, daß das Getriebe hier dem Mezbolzen nachläuft. Dadurch kann der bei dem kleinen Meßbereich besonders wichtige Freihub durch einfaches Abheben des Meßbolzens von der Schneide des ersten Übersetzungshebels erreicht werden.

Durch das nachlaufende Getriebe erklärt sich auch das Versuchsergebnis, daß die periodischen Kraftschwankungen im absteigenden Ast der Meßkraftkurve stärker in Erscheinung treten als im ansteigenden. Die stärkere Vorspannung des Getriebes tritt hier nämlich bei heraustretendem Meßbolzen ein, während der Vorgang bei den oben besprochenen Meßuhren gerade umgekehrt war.

Dies wird durch Abbildung 24b noch einmal verdeutlicht. Hier ist die durch Subtraktion der in Abbildung 24a dargestellten Kurven gewonnene Kraftkurve des Getriebes wiedergegeben. Aus ihr geht hervor, daß fast 40 % der Meßkraftspanne und mehr als 50 % des Meßkraftanstiegs vom Getriebe verursacht sind.

Diese Ergebnisse führten dazu, daß vom Hersteller verschiedene Versuchsdurchführungen des Feinzeigers gefertigt wurden, die einen günstigeren Meßkraftverlauf haben sollten.

Dazu waren folgende Änderungen nötig:

1. Herstellung einer Meßbolzenführung mit möglichst genauer Passung und bester Oberfläche zur Verringerung der Reibung und damit der Meßkraftspanne.

2. Einbau einer Rückholfeder F_1 mit einer Kennlinie, die im Zusammenwirken mit der Kennlinie des Getriebes zu möglichst konstanter und nicht zu hoher Anpreßkraft führt.

3. Fertigung eines Übersetzungsmechanismus mit möglichst gleichmäßiger Drehmomentübertragung und geringer Reibung zum Erzielen eines gleichmäßigen Kraftverlaufes und einer kleinen Meßkraftspanne des Getriebes.

4. Einbau einer Spiralfeder F_2 mit kleiner Federkonstante und möglichst flacher Federkennlinie zur Verringerung der Getriebevorspannung und des Kraftanstiegs im Getriebe.

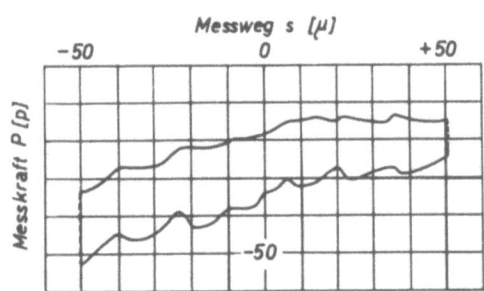

A b b i l d u n g   24b
Kraftkurve des Getriebes

Zwei untersuchte Versuchs-Feinzeiger unterschieden sich nur durch die Wahl des Übersetzungsmechanismus:
Versuchs-Feinzeiger a hatte ein normales Zahnradgetriebe. Sein Aufbau unterschied sich nicht von dem in Abbildung 23 dargestellten.

Bei Versuchs-Feinzeiger b war die Zahnübersetzung vom Winkelhebel zur Welle II durch einen ungleicharmigen Hebel ersetzt. Der übrige Aufbau glich vollkommen der Ausführung a.

Durchgeführte Änderungen

Zu 1. Die Meßbolzenführung wurde in üblicher Weise gebohrt und sorgfältig gerieben, der Meßbolzen geläppt.

Zu 2. Um trotz des vom nachlaufenden Getriebe herrührenden Kraftabfalls eine konstante Meßkraft am Meßbolzen zu erzielen, sollte die Anpreßfeder F_1 eine degressive Kennlinie haben. Diese wurde durch eine Knickfeder angenähert.

Zu 3. Das Zahnradgetriebe der Versuchsausführung a war in üblicher Weise, jedoch mit besonderer Sorgfalt gefertigt. Die Lagerzapfen waren fein poliert, die Zahnflanken zeigten gute Oberflächen. Bei Versuchsausführung b wurden Hebel aus Aluminium mit Ambossen aus Stahl und Schneiden aus Stein benutzt.

Zu 4. Die Spiralfedern F_2 der Versuchsausführungen konnten nicht vermessen werden, so daß keine genauen Angaben über die durchgeführten Änderungen gemacht werden können.

Die mit den Versuchsausführungen erzielten Ergebnisse sind in den Abbildungen 25 und 26 wiedergegeben.

Versuchsausführung a (Abb. 25)

Die mittlere Meßkraft ist von früher 95 p auf 60 p gesenkt. Die Meßkraftänderung im Meßbereich beträgt nur mehr 5 p, während die vom Meßbolzen herrührende Meßkraftspanne eine Größe von 20 p hat. Wesentlich verbessert ist der Meßkraftverlauf des Getriebes (Abb. 25b). Die Meßkraftspanne ist auf 5 p gesenkt, die Meßkraftänderung beträgt nach ca. 10 p, die mittlere Meßkraft weniger als 10 p. Die periodischen Schwankungen, die vom Eingriff des Zeigerritzels herrühren, sind deutlich sichtbar.

Versuchsausführung b (Abb. 26)

Die Werte der Meßkraft, der Kraftspanne und des Kraftanstiegs unterscheiden sich nur unwesentlich von denen der Versuchsausführung a (Abb. 26a). Dies gilt auch für die Kraftkurve des Getriebes (Abb. 26b). Die Kraftkurve des Getriebes bestätigt das erwartete Ergebnis, daß der Ersatz der Zahnradübersetzung durch eine Hebelübersetzung keine erkennbare Verbesserung bringt, da diese Übersetzungsstufe in den bisherigen Diagrammen auch nicht störend in Erscheinung getreten war. Die Verringe-

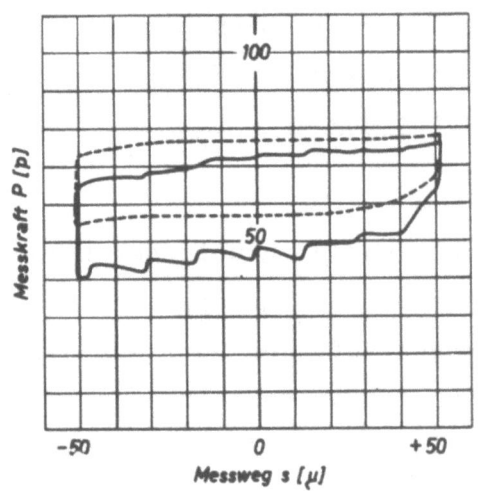

Abbildung 25a

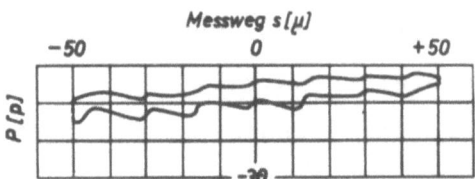

Abbildung 25b
Meßkraftkurve Versuchsausführung a

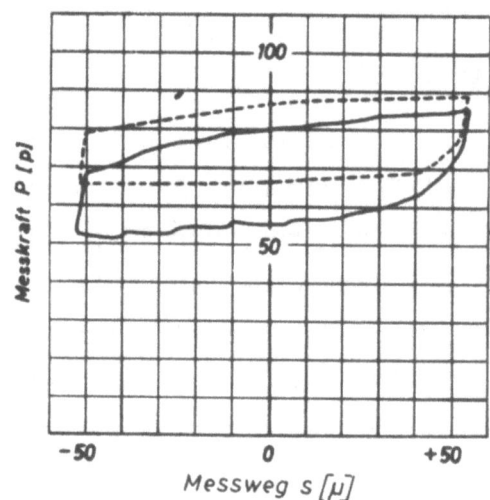

Abbildung 26a

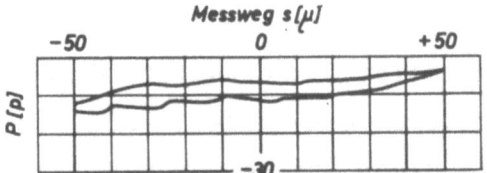

Abbildung 26b
Meßkraftkurve Versuchsausführung b

rung der durch das Ritzel I verursachten Störungen hat mit dem Getriebeumbau vermutlich nichts zu tun, sondern ist wohl nur die Folge des Einbaus eines Ritzels, das - zufälligerweise - eine sehr saubere Zahnform hat und damit besonders günstige Eingriffsverhältnisse ergibt. Diese Vermutung wird durch spätere Versuchsergebnisse (s. Abs. 3.362) bestätigt.

Die vorstehenden Versuche hatten einerseits das Ergebnis, daß eine durchdachte Konstruktion und sorgfältige Fertigung zu sehr günstigen Werten der Meßkraftspanne und Kraftkonstanz von Meßuhrgetrieben führen können, sie zeigten andererseits aber auch, daß selbst mit großer Sorgfalt gefertigte Gleitführungen der Meßbolzen immer noch zu Meßkraftspannen führen, die weit über den durch die Getriebe verursachten liegen.

In der Folge wird daher über Untersuchungen berichtet, die an Feinzeigern mit längsverschieblichem, membrangeführtem Meßbolzen durchgeführt wurden.

3.2634 Feinzeiger mit längsverschieblichem Meßbolzen (Type D)

Skalenwert 1 μ , Meßbereich 100 μ , Abbildung 27.

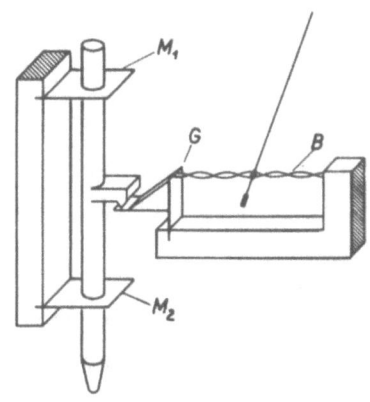

A b b i l d u n g   27
Aufbauschema

Das Aufbauschema dieses Feinzeigers zeigt Abbildung 27. Der Meßbolzen ist durch 2 Membranen M_1 und M_2 geführt. Die Meßkraft wird zusätzlich durch eine konzentrisch zum Meßboden angeordnete Schraubenfeder erzeugt (in der Abb. nicht gezeichnet). Eine mit dem Meßbolzen verbundene Schneide liegt auf einem Schenkel eines federgelagerten Dreieck-Lenkers G auf, an dessen anderem Schenkel ein verdrilltes Spannband B befestigt ist. Bei einer Bewegung des Dreieck-Lenkers G ändert sich die Spannung und damit die Verdrillung des Spannbandes, die durch einen dünnen Zeiger angezeigt wird.

Die Meßkraftkurve dieses Feinzeigers ist in Abbildung 28 wiedergegeben.

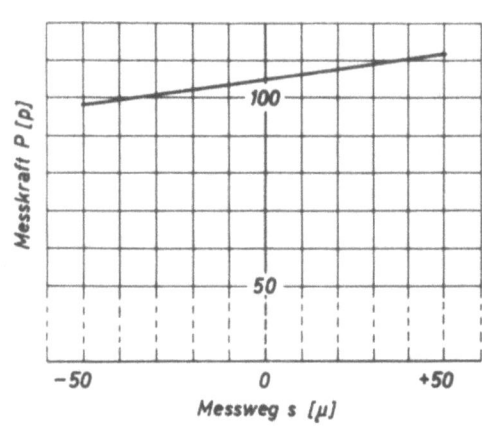

Abbildung 28
Meßkraftkurve

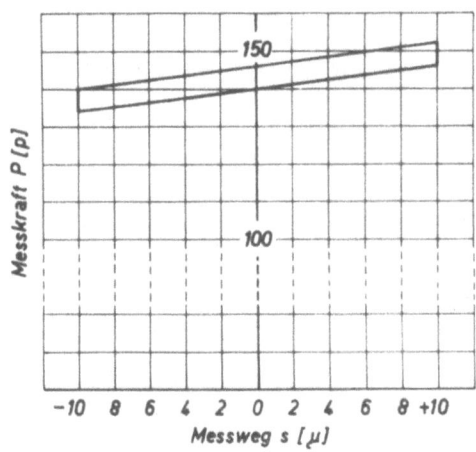

Abbildung 29
Meßkraftkurve

Dei mittlere Meßkraft beträgt 105 p, der streng geradlinige Meßkraftanstieg beträgt im Meßbereich von 100 µ 13 p. Besonders auffällig ist, daß keinerlei Meßkraftspanne auftritt.

Bei einem anderen, nach demselben Prinzip arbeitenden Feinzeiger mit einem Skalenwert von 0,2 µ und einem Meßbereich von 20 µ ergab sich ein ähnlich geradliniger Verlauf mit einer mittleren Meßkraft von 145 p (Abb. 29, s. hierzu auch das Oszillogramm Abb. 15, S. 29, dessen Auswertung zur Meßkraftkurve Abb. 29 führte). Allerdings wurde eine Meßkraftspanne von 6 p festgestellt. Da im Übersetzungswerk keine Reibung auftreten kann, dürfte hier die Reibung der Schraubenfeder am Meßbolzen oder am Spannschaft des Feinzeigers die Ursache für die Kraftspanne sein.

Die nach dem besprochenen Prinzip aufgebauten Feinzeiger sind bezüglich ihres Meßkraftverlaufes ideal zu nennen. Allerdings bedingt die Spannbandaufhängung doch eine gewisse Empfindlichkeit gegenüber mechanischen Erschütterungen und rauher Behandlung.

3.2635 Feinzeiger mit drehbar gelagertem Meßbolzen

Skalenwert 2 µ, Meßbereich 280 µ, Abbildung 30.
Das Aufbauschema eines solchen Feinzeigers zeigt Abbildung 30. Der Meßweg wird über einen ungleicharmigen Hebel H, der an seinem Ende ein Zahn-

segment trägt, auf das Ritzel R übertragen. Auf dessen Achse sitzt das Segment eines Tellerrades, das mit dem Zeigerritzel kämmt. Das Meßwerk wird durch eine Spiralfeder F_2 vorgespannt. Die Anlage des Fühlhebels am Meßobjekt wird durch eine Biegefeder F_1 bewirkt. Durch Drehen um ihre Einspannstelle kann diese auch mit der Rückseite des Stiftes S in Berührung gebracht werden, so daß die Kraft am Meßfühler ihre Richtung umkehrt.

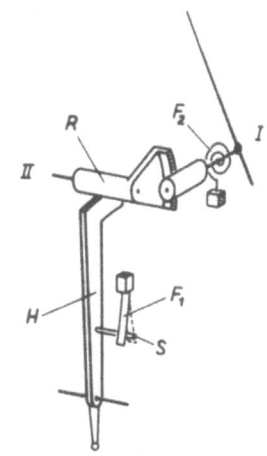

Abbildung 30
Aufbauschema
Feinzeiger mit drehbar gelagertem Stößel

Der Meßbereich des Feinzeigers umfaßt 280 μ bei einem Skalenwert von 2 μ. Die Zähnezahlen der Räder und Ritzel lassen folgende Zahneingriffs-Perioden erwarten:

Ritzel I : $s = \frac{280}{12} = 23,5 \mu$, oder 12mal beim Durchfahren des Meßbereichs,

Ritzel II : $s = 23,5 \cdot \frac{84}{14} = 140 \mu$, oder 2mal beim Durchfahren des Meßbereichs.

Die Ergebnisse der Meßkraftmessungen zeigen die Abbildungen 31a und b. Dabei gilt Abbildung 31a für den Fall, daß die Feder F_1 die in Abbildung 30 ausgezogene Stellung einnimmt, d.h. der Zeiger in Ruhelage entgegen dem Uhrzeigersinn bis zum Anschlag läuft.

Bei dieser Lage der Anpreßfeder (Abb. 31a) handelt es sich um ein nachlaufendes Meßwerk, dementsprechend treten die periodischen Schwankungen

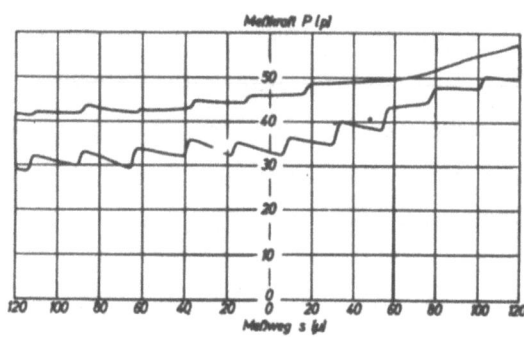 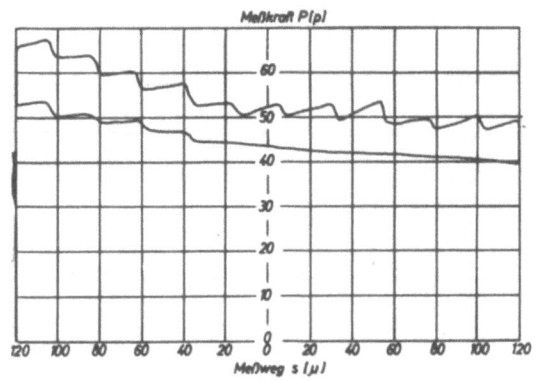

Abbildung 31a   Abbildung 31b
Meßkraftkurve   Meßkraftkurve

der Meßkraft im absteigendem Ast der Meßkraftkurve stärker in Erscheinung. Die mittlere Meßkraft beträgt 40 p, die Meßkraftspanne hat den auffallend kleinen Wert von 10 p, die Kraftänderung im Meßbereich ist ca. 20 p.

Wird die Anpreßfeder F_1 in die gestrichelt gezeichnete Lage (Abb. 30) gebracht, so ergibt sich die in Abbildung 31b wiedergegebene Meßkraftkurve. Die Ruhelage des Fühlhebels ist hier die " + "-Stellung. Bei dieser Federstellung handelt es sich um ein normales, geschobenes Meßwerk, wobei die periodischen Kraftschwankungen im ansteigenden Ast der Meßkraftkurve besonders hervortreten. Da hier die beiden Federn F_1 und F_2 im gleichen Sinn wirken, tritt eine Erhöhung der mittleren Meßkraft auf fast 50 p ein. Die Meßkraftspanne beträgt wieder ca. 10 p, die Kraftänderung etwas weniger als 20 p.

3.27 Überprüfung des Meßkraftverlaufes bei Reihenversuchen

Im Verlauf der Kraftmessungen an Feinzeigern ergab sich die Notwendigkeit, eine große Zahl von Feinzeigern zu überprüfen und vor allem (s. S.58) Serienprüfungen vorzunehmen. In solchen Fällen erfordert die punktweise Auswertung der Oszillogramme einen übermäßig großen Zeitaufwand. Außerdem läßt sich der Verlauf der Meßkraftkurven in allen Einzelheiten - vor allem bei Meßuhren - zeichnerisch nur sehr schwer erfassen (s. Abb. 20 und 22). Daher wurde für diese Fälle eine Methode verwendet, die die Meßkraftkurven unmittelbar zu registrieren gestattet, wobei nachträglich nurmehr das Netz von Krafteichung und Wegmaßstab auf das Oszillogramm übertragen werden muß. Diese Meßmethode hat zusätzlich den

Vorteil, daß keine elektronische Messung der Meßbolzenverschiebung nötig ist, so daß ein Verstärkerkanal entfallen kann.

Die Meßanordnung arbeitet so, daß die Bewegung des Meßschlittens nach entsprechender mechanischer Übersetzung durch ein Getriebe die Bewegung des Oszillographenpapiers steuert, so daß das Papier in der einen Meßrichtung (hereingehender Meßbolzen) vorwärts, in der anderen (herausgehender Meßbolzen) rückwärts durch den Oszillographen läuft. Dies konnte nach geringfügigen Umbauten am Schleifenoszillographen und am Antriebsmechanismus des Meßschlittens erreicht werden. Den Versuchsaufbau zeigt im Schema Abbildung 32.

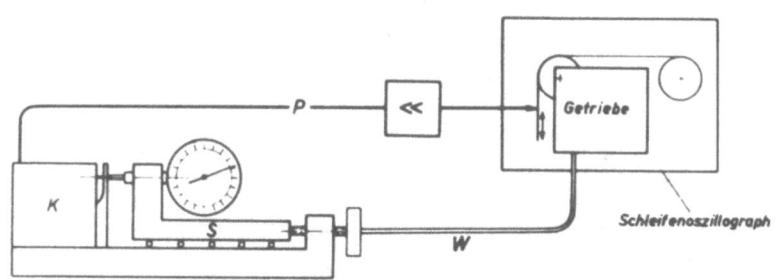

A b b i l d u n g   32
Anordnung zur vollständigen Registrierung
der Meßkraft-Meßweg-Kurve

Durch eine torsionssteife, biegsame Welle W wird die Bewegung des Handrades H, das den Tischvorschub bewirkt, auf das Vorschubgetriebe des Oszillographen übertragen. Der Antriebsmotor ist vom Getriebe abgekuppelt, so daß die Transportrolle des Papiervorschubs sich mit einem Richtungssinn bewegt, der dem Bewegungssinn des Handrades entspricht. Die Kraftmeßeinrichtung bleibt unverändert.

Eine auf diese Weise aufgenommene Meßkraftkurve zeigt Abbildung 33. Sie stellt die unmittelbare Reproduktion eines Oszillogramms dar. Die Kurve gibt sehr deutlich alle Feinheiten des Meßkraftverlaufs wieder.

Dieses Ergebnis legt es zunächst nahe, alle Meßkraftkurven nach der geschilderten Meßmethode zu ermitteln, die den Verlauf viel genauer darstellt als es durch punktweises Auswerten eines Oszillogrammes möglich ist.

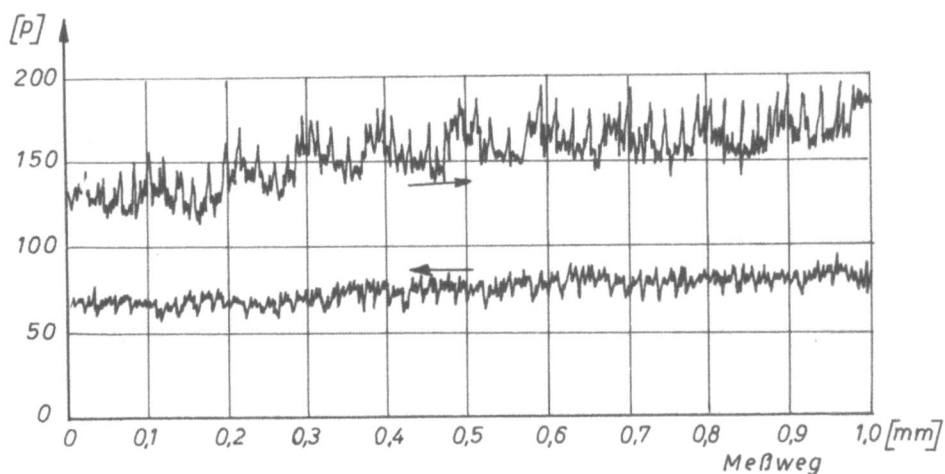

A b b i l d u n g   33
Vollständig registrierte Meßkraftkurve

Die Grenzen der Anwendbarkeit ergeben sich jedoch durch die notwendige Wegübersetzung: Bei der Aufnahme der Meßkraftkurve einer Meßuhr mit 1 oder 3 mm Meßbereich reicht eine Wegübersetzung von 1 : 200 bzw. 1 : 60 aus, um eine Oszillogrammlänge von 200 mm zu erzielen, die eine genaue Auswertung zuläßt. Anders liegen die Verhältnisse aber bei der Prüfung von Feinzeigern mit kleinen Meßbereichen von 100 μ o.ä. Hier sind Wegübersetzungen von 1 : 1000 nötig, um Oszillogramme von genügender Länge zu erhalten. Dabei tritt im allgemeinen eine so starke Torsion der biegsamen Welle ein, daß kein gleichmäßiger und genau zugeordneter Papiervorschub erfolgt. Dies zeigt sich besonders bei Umkehr der Meßrichtung, wo sich unter Umständen eine so starke Weghysterese bemerkbar macht, daß keine geschlossene Meßkraftkurve zu erzielen ist.

Hier hilft nur der Ersatz der biegsamen durch eine starre Welle und eine Vorspannung des Vorschubgetriebes zur Ausschaltung des Zahnspiels.

Das geschilderte Meßverfahren ist somit geeignet für Einzel- und Reihenmessungen an Meßuhren mit Meßwegen ab 1 mm [5]. Für Reihenmessungen an Feinzeigern ist es nur mit starrer Welle anwendbar [6]. Da der dazu notwendige Versuchsaufbau recht kompliziert ist, scheiden Einzelmessungen mit dem vorhandenen Experimentieraufbau aus.

---

5. s. hierzu die Meßergebnisse auf Seite 59, 60
6. s. hierzu die Meßergebnisse auf Seite 62, 63

3.28 Die Gültigkeit der Meßergebnisse

Nachdem im Vorstehenden verschiedene Typen von Meßuhren und Feinzeigern untersucht und ihr Meßkraftverlauf analysiert wurde, erhebt sich nun die Frage, welche Allgemeingültigkeit diese Einzelergebnisse beanspruchen können.

Diese Frage gliedert sich in folgender Weise auf:

a) Wie wirkt sich die Lage der Meßuhr auf den Meßkraftverlauf aus?
Diese Frage ist deshalb von Bedeutung, weil die Untersuchungen bei liegender Meßuhr durchgeführt wurden, während im Betrieb häufig auch andere Lagen vorkommen.

b) Besteht eine Abhängigkeit der Meßkraft von der Meßbolzengeschwindigkeit?
Dies interessiert im Zusammenhang mit den unterschiedlichen Bedingungen, unter denen in der Praxis Messungen durchgeführt werden. Das Ergebnis ist auch deshalb von Bedeutung, weil bei den beschriebenen Untersuchungen die Bewegung des Meßbolzens über eine Spindel von Hand erfolgte. Dabei ließ sich nicht erreichen, daß eine konstante und bei allen Versuchen gleiche Meßbolzengeschwindigkeit eintrat.

c) Wie wirken sich seitlich am Meßbolzen angreifende Kräfte auf den Meßkraftverlauf aus?
Dieser Beanspruchungsfall wurde bei den Meßkraftmessungen durch genaue Justierung der Meßuhr und dadurch eliminiert, daß der Meßbolzen auf einer ebenen Fläche des Meßkraftelementes auflag; in der Praxis jedoch tritt er immer dann auf, wenn das Meßobjekt während der Messung unter der Meßuhr bewegt wird.

d) Wie ändert sich der Verlauf der Meßkraftkurve, wenn nicht der gesamte Meßbereich eines Feinzeigers durchfahren wird? Im allgemeinen wird ja bei einer Messung nur ein kleiner Teil des gesamten Meßbereichs ausgenutzt. Inwieweit ist die beim Durchfahren des Gesamt-Meßbereichs aufgenommene Meßkraftkurve dann noch gültig?

e) Welche Abweichungen des Meßkraftverlaufs sind innerhalb einer Serie von Feintastern der gleichen Type zu erwarten? Diese Frage entscheidet die Möglichkeit, die hier wiedergegebenen Einzelergebnisse auf die entsprechenden Feinzeigertypen zu übertragen. Sie entscheidet damit die Gültigkeit der Aussage einer Typenprüfung und spielt daher eine besondere Rolle im Zusammenhang mit der Normung der Feinzeiger und ihrer kennzeichnenden Eigenschaften.

f) Wie wirkt sich der durch Dauerbeanspruchungen in den bewegten Teilen einer Meßuhr hervorgerufene Verschleiß auf die Meßkraft aus?

3.281 Einfluß der Lage der Meßuhr auf den Meßkraftverlauf

Die Meßkraftuntersuchungen wurden bei horizontaler Lage der Meßuhren und Feinzeiger durchgeführt, da geeignete Meßschlitten nur mit Verschiebemöglichkeit in waagrechter Richtung zur Verfügung standen, und die gesamten Versuche bei dieser Meßlage wesentlich einfacher aufgebaut werden konnten.

Da Meßuhren in der Praxis viel häufiger in vertikaler Lage verwendet werden, wurde an zwei Meßuhren und einem Feinzeiger die Abhängigkeit des Meßkraftverlaufs von der Meßlage untersucht. Die Meßuhren wurden hierzu in ein steifes Mikroskopstativ mit Feinverstellung eingespannt, die Meßkraft und der Meßweg wurden in üblicher Weise gemessen und registriert.

Ein für alle untersuchten Meßfehler typisches Ergebnis zeigt Abbildung 34. Der Meßkraftverlauf ist in beiden Meßlagen im wesentlichen derselbe. Bei senkrechter Meßlage ist lediglich die Gesamtkurve um ca. 10 p nach höheren Werten verschoben. Dies rührt vom Gewicht des Meßbolzens her. Die Meßkraftspanne zeigt bei diesem und bei den anderen untersuchten Meßfühlern keine den Rahmen der Meßsicherheit überschreitende Änderung. Das bedeutet, daß durch die veränderte Lage des Meßbolzens und der Ge-

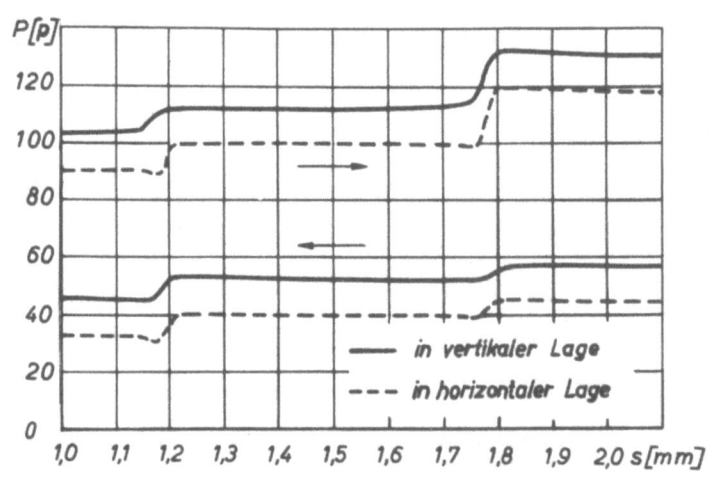

A b b i l d u n g   34

Abhängigkeit der Meßkraft von der Lage der Meßuhr

triebachsen in ihren Lagern keine entscheidenden Änderungen der Reibungskräfte eintreten. Auch Höhe und Form der periodischen Schwankungen blieben erhalten.

Dieses Ergebnis bestätigt, daß die Prüfungen der Meßkraft bei liegendem Meßfühler zulässig ist, da der typische Verlauf der Meßkraftkurven dadurch nicht beeinflußt wird. Sofern der Absolutbetrag der Meßkraft sehr genau bestimmt werden soll, muß die Prüfung in senkrechter Lage erfolgen und der Unterschied durch Wägen des Meßbolzens berücksichtigt werden.

3.282 Abhängigkeit der Meßkraft von der Meßbolzengeschwindigkeit

Zur Prüfung dieser Frage wurde der Meßkraftverlauf einer Meßuhr bei drei verschiedenen Stößelgeschwindigkeiten aufgenommen. Charakteristische Stellen der Meßkraftkurve, d.h. je ein Maximal- und ein Minimalwert im ansteigenden und im absteigenden Ast der Meßkraftkurve wurden in allen drei Oszillogrammen ausgewertet. Diese Stellen sind in den Oszillogramm-Ausschnitten in Abbildung 35 rechts markiert.

Abbildung 35 gibt die Ergebnisse dieser Versuche wieder.

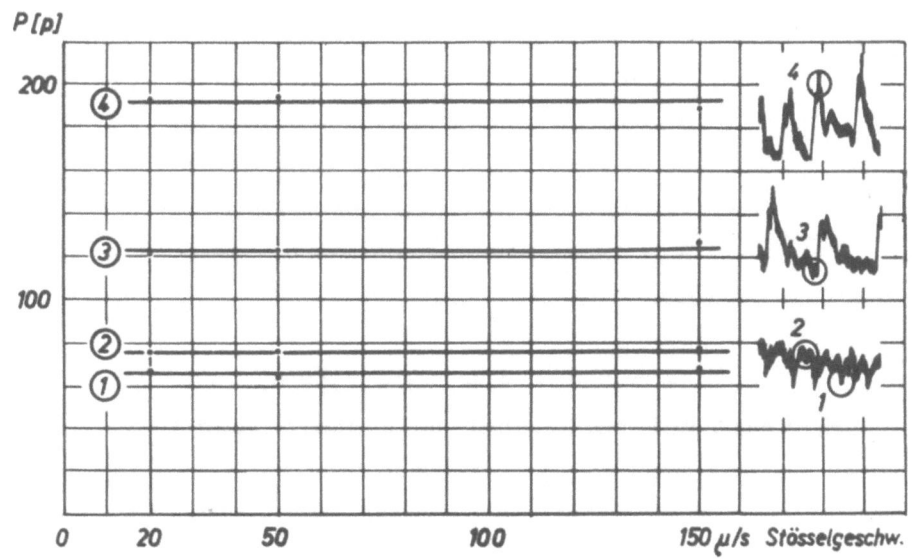

A b b i l d u n g   35
Einfluß der Meßbolzengeschwindigkeit auf die Meßkraft

Die Auswertung ergab, daß innerhalb eines Geschwindigkeitsbereiches von 20 μ/sec bis 150 μ/sec keine Änderung der Meßkraft auftritt. Bei sehr viel niedrigeren Meßbolzengeschwindigkeiten, die allerdings bei den Untersuchungen nicht in Frage kommen, dürften sich Schwierigkeiten durch den Slip-Stick-Effekt ergeben, und ebenso ist eine Konstanz der Meßkraft bei höheren Meßbolzengeschwindigkeiten wegen des dann beginnenden Einflusses von Massenkräften nicht zu erwarten. Bei den Untersuchungen konnte jedoch der Geschwindigkeits-Einfluß mit Recht vernachlässigt werden.

3.283 Änderung der Meßkraft bei seitlicher Meßbolzenbelastung

In vielen Fällen praktischer Messungen gleitet der Meßbolzen eines Feinzeigers während der Messung auf dem bewegten Meßobjekt. Dabei treten durch Reibung Kräfte auf, die quer zur Bewegungsrichtung des Meßbolzens gerichtet sind und deshalb ein Verkanten verursachen. Die Größe dieser Kräfte hängt einerseits von der Meßkraft des Feinzeigers, andererseits von der Rauheit und von den Schmierverhältnissen auf der geprüften Fläche ab.

Die Beeinflussung des Meßkraftverlaufs durch seitlich am Meßbolzen wirkende Kräfte wurde in einer Versuchsreihe geprüft. Dabei wurde der Meßbolzen der horizontal liegenden Meßuhr durch angehängte Gewichte belastet. Die Meßkraftkurven wurden nach dem auf Seite 46 geschilderten Verfahren aufgenommen. Meßergebnisse, die mit einer 1/1000-Meßuhr der Type B erzielt wurden, sind in den Abbildungen 36a, b und c wiedergegeben.

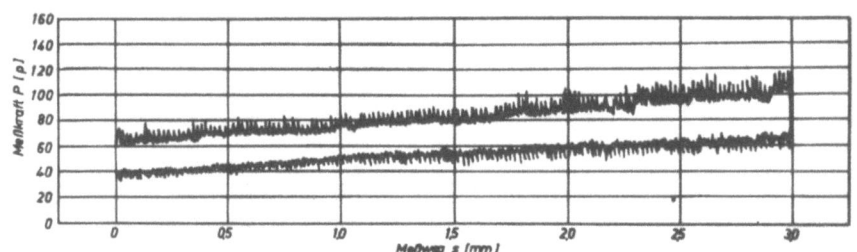

A b b i l d u n g   36a

Meßkraft bei seitlicher Bolzenbelastung 0 p

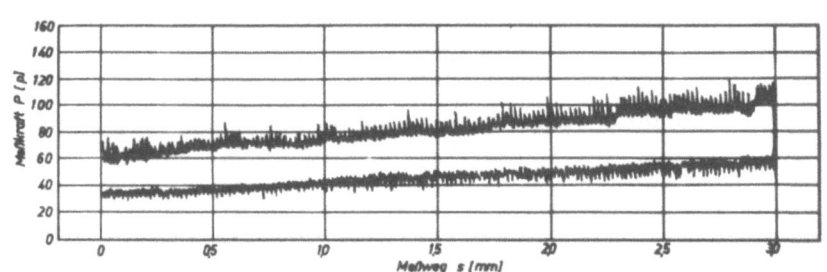

A b b i l d u n g   36b

Meßkraft bei seitlicher Bolzenbelastung 20 p

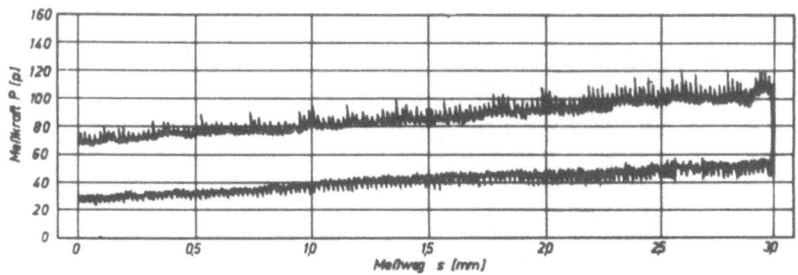

Abbildung 36c
Meßkraft bei seitlicher Bolzenbelastung 40 p

Die Meßkraftspanne der Uhr beträgt ursprünglich 30 p. Durch Einwirkung einer seitlichen Kraft von 20 p auf den Stößel steigt sie auf 40 p, bei einer seitlichen Kraft von 40 p steigt sie auf 50 p an. Die mittlere Meßkraft bleibt dabei konstant, d.h. die verbreiterte Hysteresekurve liegt symmetrisch zur ursprünglichen. Am Verlauf der Meßkraft sind auch keine wesentlichen Änderungen zu erkennen.

Bei einer anderen Meßuhr mit einer mittleren Meßkraft von 80 p wuchs die ursprüngliche Meßkraftspanne (30 p) bei einer seitlichen Stößelbelastung von 20 p auf 40 p, bei einer seitlichen Belastung von 50 p auf 55 p an. Auch hier lag die veränderte Meßkraftkurve symmetrisch zur ursprünglichen.

Die weitere Frage, welche Größe die seitliche Stößelbelastung beim Messen von Oberflächen verschiedener Rauheit erreichen kann, wurde bei einer weiteren Versuchsreihe geklärt. Abbildung 37 zeigt die verwendete Versuchseinrichtung.

Ein Prüfplättchen P mit bekannter Oberflächenrauheit ist auf einem kleinen Kraftmeßtisch befestigt, der - auf zwei steifen Blattfedern F gelagert - geringe Bewegungen in einer Richtung ausführen kann. Die Größe der Auslenkungen und damit die Größe der in der Tischebene wirkenden Kräfte wird durch ein induktives Meßelement W gemessen. Die ganze Anordnung ist auf einem beweglichen Schlitten S befestigt und kann unter dem Meßbolzen der Meßuhr M hin- und herbewegt werden. In Abhängigkeit von der Meßkraft der Meßuhr M und von der Rauheit des Prüfplättchens P treten in der Verschieberichtung des Schlittens Kräfte auf, die durch das Induktivelement gemessen werden. Diese Meßwerte werden verstärkt und durch einen Schleifenoszillographen registriert. Bei den Versuchen wurde das Prüfplättchen etwas zur Verschieberichtung geneigt aufgespannt. Da-

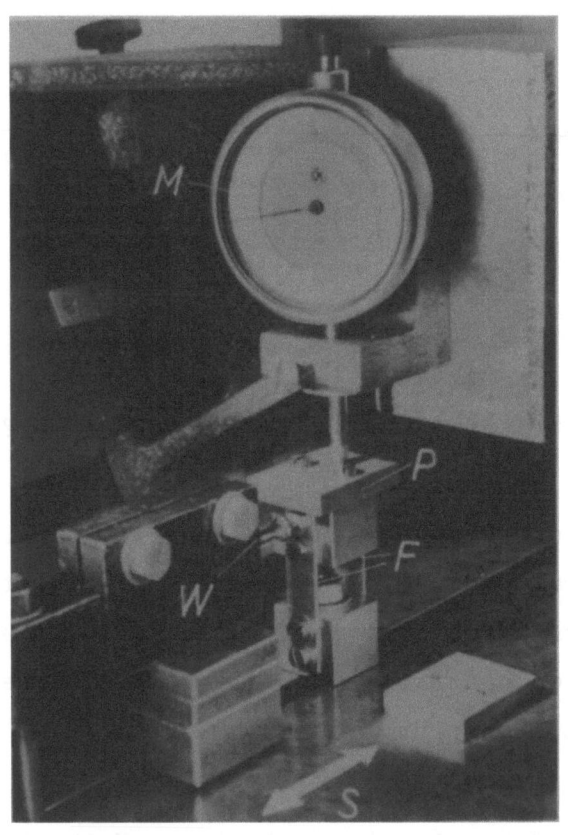

A b b i l d u n g   37
Versuchseinrichtung zur Bestimmung
seitlicher Stößelbelastungen

mit wurde erreicht, daß in der einen Vorschubrichtung bei hineingehendem Meßbolzen (große Meßkraft) und in der anderen bei herausgehendem Meßbolzen (kleine Meßkraft) gemessen wurde, so daß die Seitenkräfte auf den Meßbolzen bei unterschiedlichen Normalkräften bestimmt werden konnten.

Meßergebnisse

Für die Messungen standen Prüfplättchen mit geschruppter und geschliffener Oberfläche zur Verfügung. Die maximale Rauhtiefe betrug im ersten Fall 20 µ, der Riefenabstand 0,25 mm, bei der geschliffenen Oberfläche war R_{max} = 0,3 µ. Die Versuchsergebnisse sind in der folgenden Tabelle zusammengefaßt:

Oberfläche	R_{max}	Seitenkraft bei Meßkraft 180 p	Seitenkraft bei Meßkraft 50 p	Reibungs-koeffizient
geschruppt	20 µ	40 p	10 p	0,22 - 0,20
geschliffen	0,3 µ	30 p	8 p	0,17 - 0,16

Bei Benetzung der Oberflächen mit einem dünnen Ölfilm ergaben sich bezüglich der Seitenkräfte keine erkennbaren Unterschiede.

Bei Messungen mit rundem Meßhütchen kann man daher für die Bestimmung der Seitenkräfte mit Reibungskoeffizienten zwischen 0,16 und 0,22 rechnen.

3.284 Gültigkeit der Meßkraftkurve im kleinen Bereich

Wie unter Abs. 3.24 erwähnt, wurde bei der Aufnahme der Meßkraft-Meßwegkurve jeweils der gesamte Meßbereich der Meßuhr durchfahren. Es stellt sich nun die Frage, wie sich die Meßkraftkurve ändert, wenn nur ein kleiner Teil des Meßbereichs ausgenützt wird.

Dies wurde in verschiedenen Versuchen geprüft. Dabei wurde so vorgegangen, daß die Meßbolzenverschiebung, von größeren Werten herkommend, stetig verkleinert wurde, bis schließlich eine asymptotische Annäherung an die Verschiebung 0 erfolgte.

In Abbildung 38 und 39 sind Versuchsergebnisse wiedergegeben, die mit je einer Meßuhr der Type A und der Type B erzielt wurden. Die Messungen hatten das folgende Ergebnis:

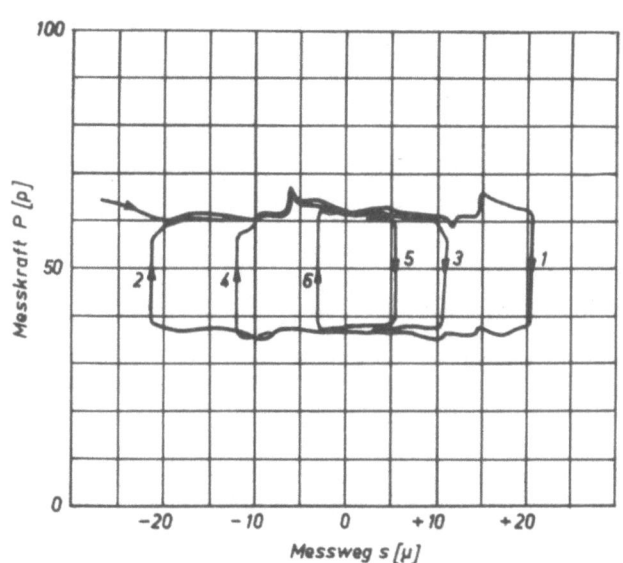

Abbildung 38
Verlauf der Meßkraftkurve im kleinen Bereich
(Meßuhr Type B)

Noch bis zu einer Meßbolzenverschiebung von $\pm 5\,\mu$ (Abb. 38) werden die beiden Äste der Meßkraftkurve in allen Einzelheiten ausgefahren. Das wird besonders deutlich bei den periodischen Kraftschwankungen, die vom Zahneingriff des Räderwerks herrühren.

Bei noch stärkerer Wegvergrößerung (Abb. 39) wird sichtbar, daß eine Bewegungsumkehr des Meßbolzens eine unstetige Änderung der Meßkraft zur Folge hat (Punkte A), daß aber die Annäherung an den jeweiligen Endwert der Meßkraft (Punkte B) asymptotisch erfolgt. Die Annäherung an den jeweiligen Extremwert der Meßkraft erstreckt sich im vorliegenden Beispiel ziemlich gleichmäßig über eine Strecke von ca. 0,6 µ . Dementsprechend wird die Meßkraftspanne noch vollständig ausgefahren, so lange die Meßbolzenverschiebung mehr als 0,6 µ beträgt (Kurvenzug 2-3, 4-5). Wird die Verschiebung allerdings kleiner als dieser Wert, so werden die Endlagen der Meßkraft nicht mehr erreicht (Kurvenzug 6-7) und man bewegt sich auf der "Hysteresekurve im Kleinen" (Kurvenzug 6-7-8).

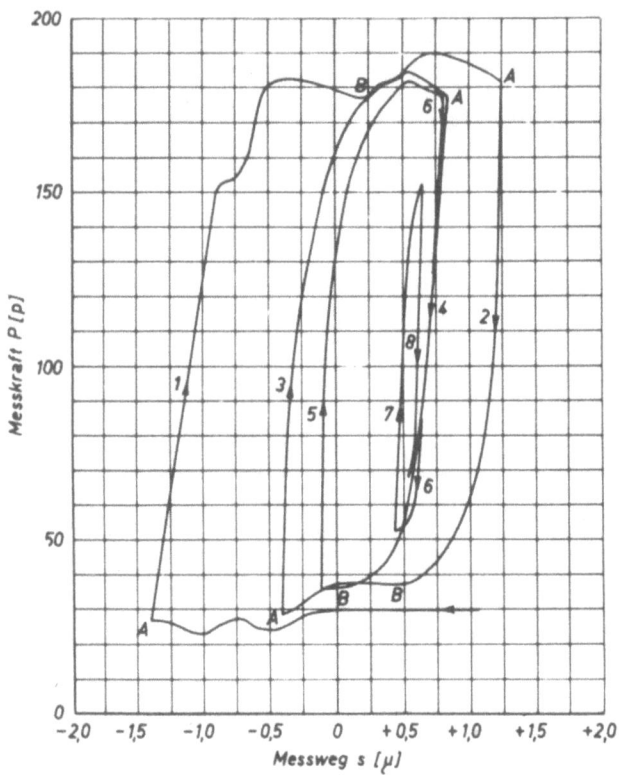

Abbildung 39
Verlauf der Meßkraft-Kurve im kleinen Bereich
(Meßuhr Type A)

Dieses Verhalten ist folgendermaßen zu erklären:
Man kann sich den kompletten Getriebezug einer Meßuhr durch ein System

ersetzt denken, das aus fedrigen Gliedern besteht, die mit Reibungsgliedern verknüpft sind. Das erste solche Federglied stellt bei einer Meßuhr der Meßbolzen mit seiner Elastizität dar, das erste Reibungsglied die untere oder die obere Führungsbüchse des Meßbolzens bzw. die Stelle des Zahneingriffs an der Zahnstange. Die weiteren Federn werden durch die Getriebeachsen mit ihren Torsion und Biegung gebildet, die weiteren Reibungsglieder durch die Eingriffstellen der Zähne mit ihrer Flankenreibung und durch die Lagerreibung der Achsen. Die Reibungskräfte sind nun nicht konstant, sondern stark von der Vorspannung, d.h. von den jeweiligen Spannkräften der benachbarten Federn abhängig. Dies hat sich früher (s.Abs. 3.2632) schon bei den Meßkraftkurven der Meßuhren gezeigt und führte dort zu einer Vergrößerung der Meßkraftspanne und der periodischen Kraftschwankungen längs des Meßwegs.

Im vorliegenden Fall wirkt sich dieses Verhalten folgendermaßen aus:

An den Stellen A befindet sich das gesamte Meßwerk für einen Augenblick in Ruhe, d.h. an allen Reibungsstellen tritt Haftreibung ein. Dementsprechend erfolgt die Kraftänderung bei Bewegungsumkehr (z.B. am Kurvenast 2) unstetig und mit einer steilen Tangente, weil das erste Federglied, der Meßbolzen, eine große Steifigkeit besitzt. Die Entspannung des ersten Federgliedes bewirkt eine Verringerung der Verspannung des folgenden Gliedes, dessen Reibungskraft damit auch abnimmt, so daß die nachfolgende Feder sich entspannen kann. Der Übergang eines Reibungsgliedes aus dem Haftreibungsbereich in den Gleitreibungsbereich bewirkt eine Hintereinanderschaltung zweier Federn und damit eine Abnahme der Federkonstanten. Dies ist am flacheren Verlauf der Tangente der Meßkraftkurve ersichtlich. Der geschilderte Vorgang wiederholt sich nun bei jedem weiteren Feder- und Reibungsglied, bis das gesamte Getriebe entspannt ist. Da die Vorspannung hierbei stets geringer wird, verläuft die Kraftkurve immer flacher (progressive Entlastungskennlinie), so daß ein fast stetiges Einmünden in die Endlage an den Punkten B erfolgt.

Beim Übergang von niedrigen zu höheren Meßkräften (z.B. Kurvenast 3) tritt ebenfalls erst nach Überwindung der Haftreibung ein sukzessives Hintereinanderschalten von Federgliedern ein, so daß die Meßkraft auch hier fast asymptotisch ihre Endlage erreicht (degressive Belastungskennlinie).

3.285 Streuung der Meßkraft innerhalb einer Serie gleicher Meßuhren oder Feinzeiger

In den vorhergehenden Abschnitten sind die Ergebnisse verschiedener Messungen an einzelnen Meßuhren oder Feinzeigern wiedergegeben. Aus verschiedenen Gründen konnten diese Messungen nicht an beliebig vielen Exemplaren einer Uhrtype durchgeführt werden, vielmehr wurden nur Meßergebnisse mitgeteilt, die für eine bestimmte Type als repräsentativ angesehen werden konnten. Es stellt sich dabei natürlich die Frage, in welchen Grenzen verschiedene Exemplare eine Type streuen, d.h. ob die dargestellten Ergebnisse wirklich Allgemeingültigkeit beanspruchen können. Die Klärung dieser Frage ist von großer Wichtigkeit vor allem im Blick auf die Normung der Eigenschaften von Meßuhren und Feinzeigern und ihre Überprüfung, die nicht am einzelnen Exemplar erfolgen kann, sondern nur als Typenprüfung möglich und wirtschaftlich vertretbar ist.

Zur Klärung dieser Frage standen jeweils 10 Exemplare von drei verschiedenen Typen (2 Meßuhrtypen verschiedener Fabrikats, 1 Feinzeigertype) zur Verfügung, deren Meßkraftverlauf aufgenommen wurde. Diese Messung erfolgte mit einer Ausnahme nach dem Verfahren der vollständigen Registrierung der Meßkraftkurve (s. S. 46), so daß auf die Oszillogramme nur das Netz der Krafteichung und ein Wegmaßstab aufgetragen werden mußte.

Die Abbildungen 40a bis k zeigen zunächst die Ergebnisse der Prüfung von 10 fabrikneuen 1/1000-Meßuhren der Type A. Aus den Kurven ist der genaue Verlauf der Meßkraft und die Größe und Form der periodischen Kraftschwankungen zu erkennen. Allgemein sind die Störungen mit einer Periodenlänge von 20 μ stark ausgeprägt. Die Meßkraft schwankt hierbei bis zu 50 p!

Der besseren Übersicht halber sind die Ergebnisse nach Abbildung 41 vereinfacht wiedergegeben und in einem Balkendiagramm, Abbildung 42a zusammengestellt. Man ersieht daraus, daß die Meßkraft beim besten Exemplar zwischen 30 p und 150 p, beim schlechtesten zwischen 0 und 220 p schwankt.

Die Meßkraftveränderung über dem Meßweg von 1 mm beträgt im Mittel 80 p im ansteigenden und 30 p im absteigenden Ast. Die Meßkraftspanne – hier wohl der entscheidende Wert – ist in Abbildung 42b gesondert dargestellt. Sie beträgt im Mittel 100 p!

Meßuhr 1

Meßuhr 2

Meßuhr 3

Meßuhr 4

Meßuhr 5

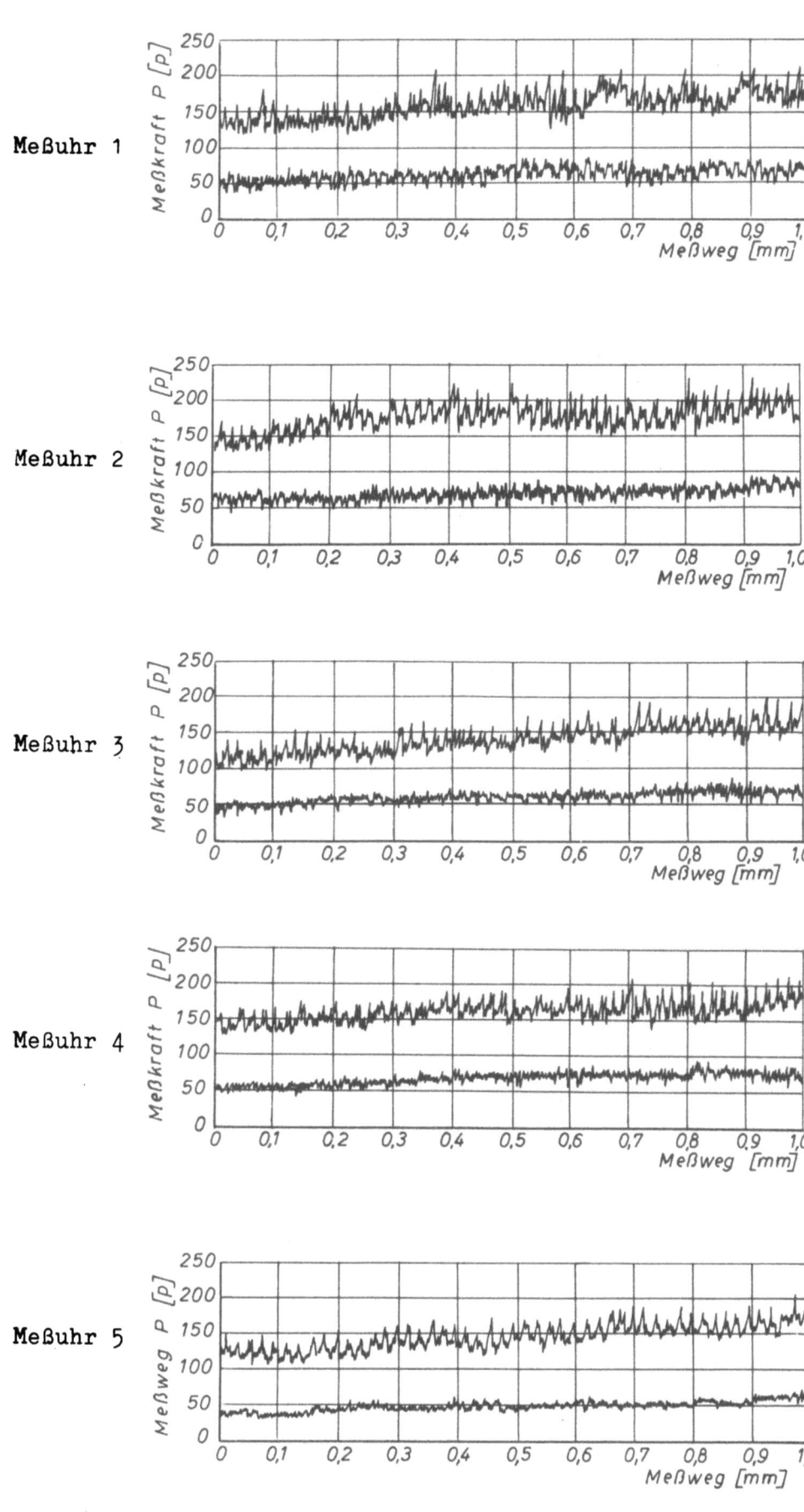

A b b i l d u n g   40a bis e

Meßkraftverlauf von 5 Meßuhren der Type A

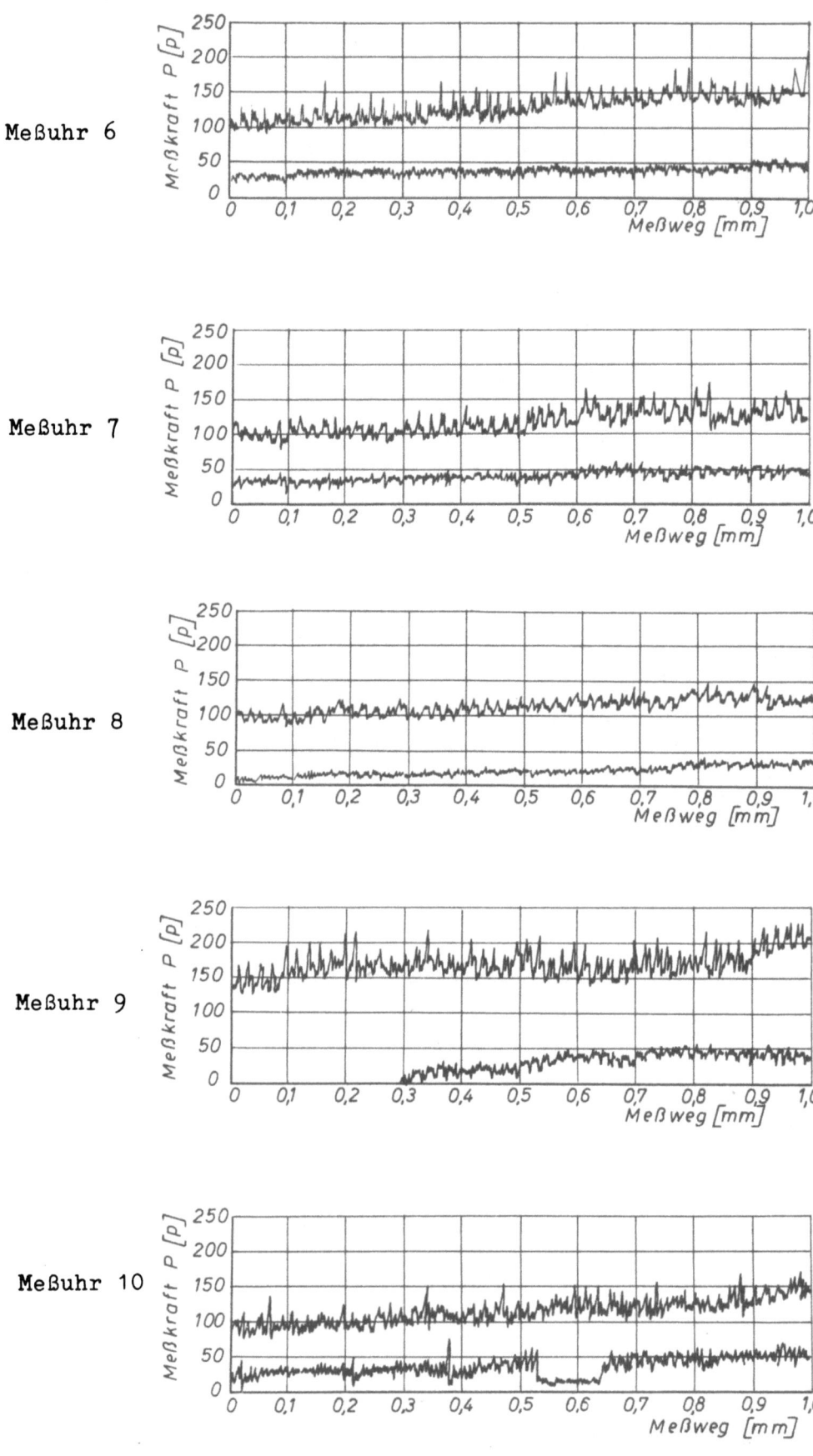

Abbildung 40f bis k

Meßkraftverlauf von 5 Meßuhren der Type A

Die Ergebnisse, die bei der Überprüfung
von 10 fabrikneuen Meßuhren der Type B
erzielt wurden, konnten zur Zeit der Messungen noch nicht vollständig registriert
werden, sondern wurden durch punktweises
Auswerten der Oszillogramme gewonnen.
Auf eine Wiedergabe dieser Kurven wird
hier verzichtet, und die Meßergebnisse
sind nur in Abbildung 43 in Form eines
Balkendiagramms dargestellt.

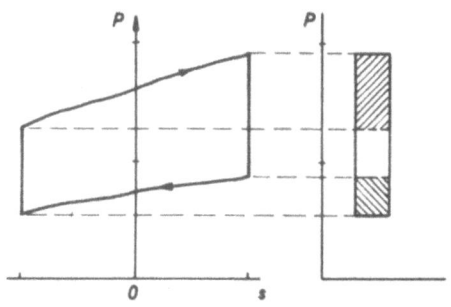

Abbildung 41
Vereinfachte Darstellung
der Meßkraftkurve

Die Meßkraftspanne dieser Uhren beträgt
im Mittel 50 p, die Kraftänderung im
ansteigenden Ast der Meßkraftkurve beträgt längs eines Meßwegs von 3 mm im Mittel 20 p, im absteigenden Ast
im Mittel nur 5 p. Die in der Abbildung erkennbaren periodischen Schwankungen erreichen Werte zwischen 5 und 15 p.

Schließlich sind in den Abbildungen 44a bis k die Ergebnisse der Serienprüfung von 10 fabrikneuen Feinzeigern der Type C wiedergegeben. Es handelt sich bei den untersuchten Exemplaren um die inzwischen serienmäßig
hergestellte Versuchsausführung a.

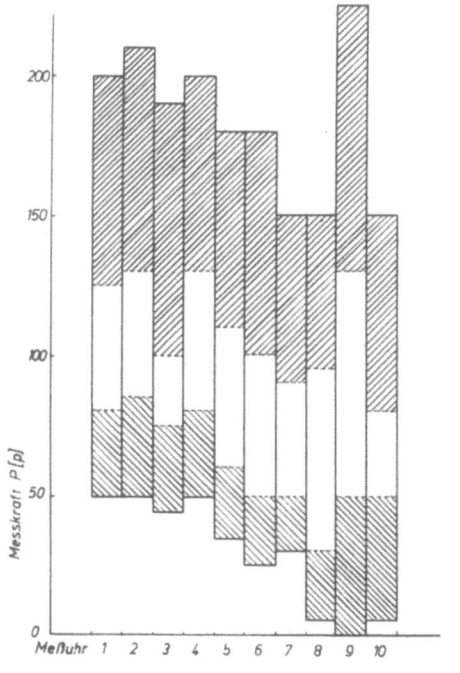

Abbildung 42a
Meßuhren Type A, Meßkraft

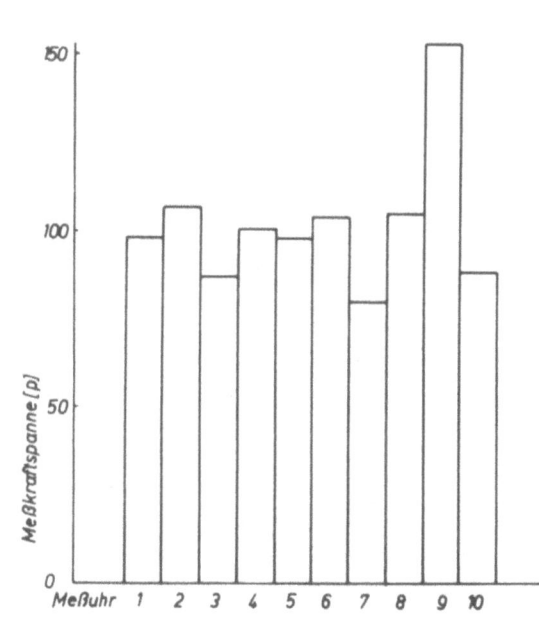

Abbildung 42b
Meßuhren Type A, Meßkraftspanne

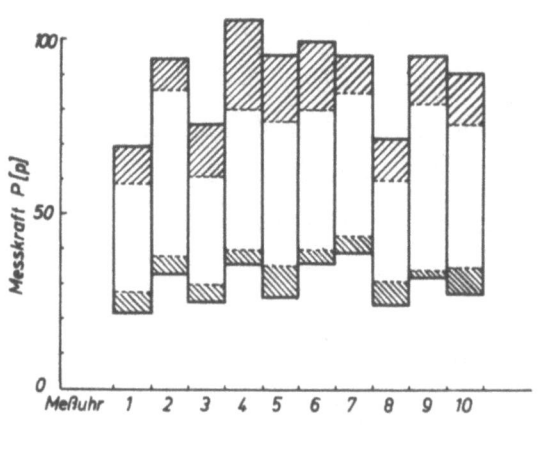
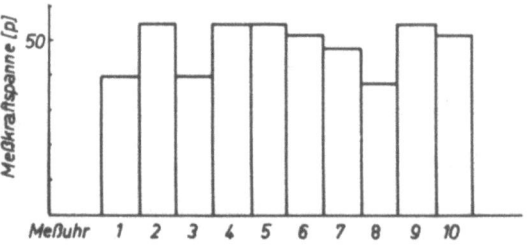

Abbildung 43

Meßuhren Type B

Meßkraft und Meßkraftspanne

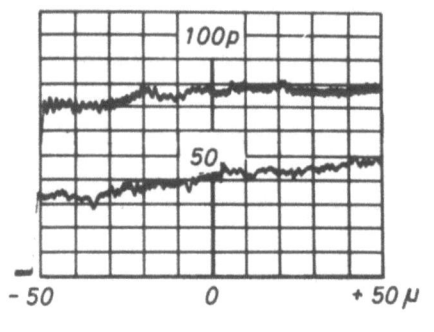 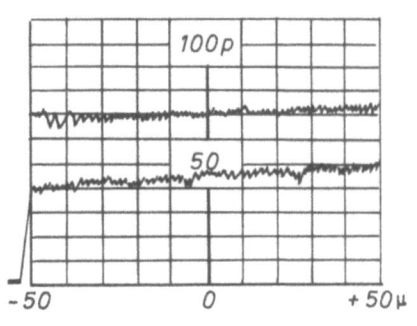

a b

Abbildung 44a und b

Meßkraftverlauf von 10 Feinzeigern der Type C

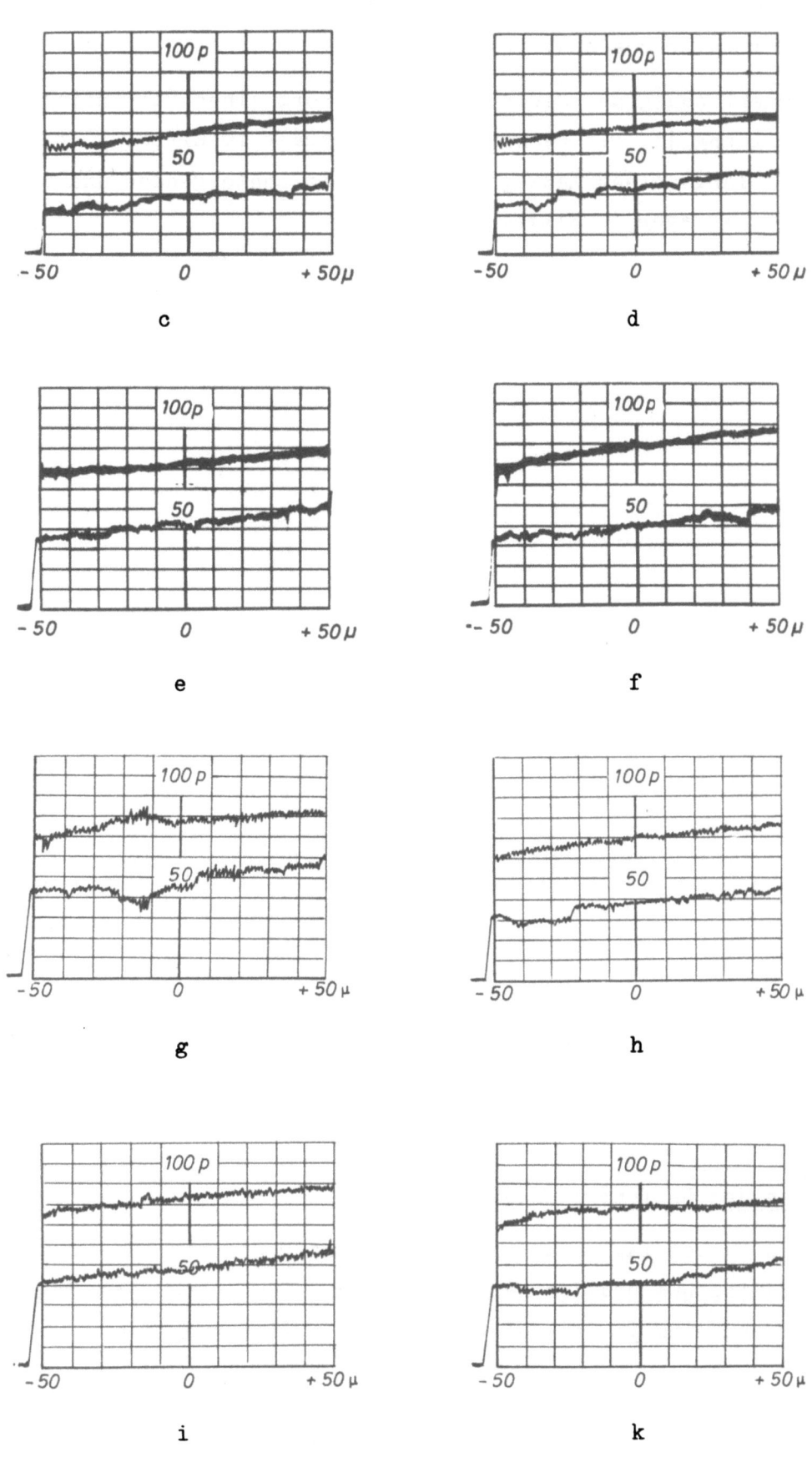

Abbildung 44c bis k

Meßkraftverlauf von 10 Feinzeigern der Type C

Die Meßkraftkurven der einzelnen Exemplare zeigen einen recht gleichmäßigen Verlauf, und es fällt vor allem auf, daß periodische Kraftschwankungen kaum in Erscheinung treten.

Die Zusammenfassung der Meßergebnisse in Form eines Balkendiagramms zeigt Abbildung 45. Die Meßkraftspanne beträgt im Mittel 30 p, die Kraftänderungen längs eines Meßwegs von 100 µ im ansteigenden und im absteigenden Ast betragen im Mittel 15 p.

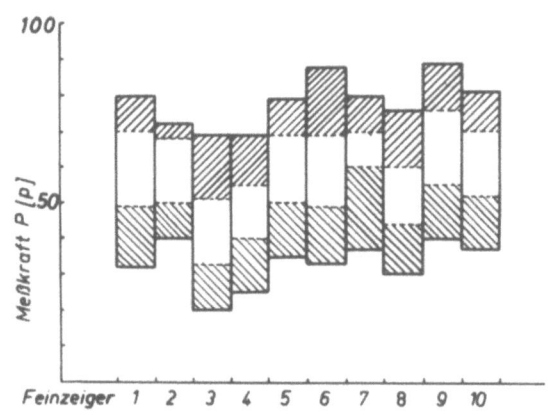
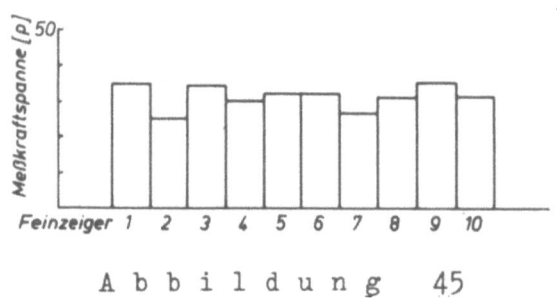

Abbildung 45
Feinzeiger Type C
Meßkraft und Meßkraftspanne

Ergebnisse der Serienprüfungen

Die in den Balkendiagrammen im einzelnen dargestellten Werte der Meßkraft, der Meßkraftspanne und der Meßkraftänderung wurden für jede Type zusammengefaßt und sind in der folgenden Tabelle wiedergegeben:

	Mittlere Meßkraft [p]	Meßkraft-spanne [p]	Kraftanstieg [p/100 µ]	Kraftabfall [p/100 µ]
Type A	96,1 ± 17,3	101,9 ± 8,6	7,5 ± 1,2	3,2 ± 0,9
Type B	57,6 ± 7,5	49,4 ± 7,6	0,5 ± 0,2	0,2 ± 0,06
Type C	56,3 ± 6,2	31,0 ± 3,0	12,5 ± 4,2	15,1 ± 3,3

Für jede Größe ist der Mittelwert und die Streuung angegeben. Die Streuwerte zeigen - von einzelnen Ausnahmen abgesehen -, daß die Meßkraftkurve einer Meßuhr oder eines Feinzeigers für die betreffende Type als repräsentativ angesehen werden kann. Dies geht qualitativ auch aus dem Vergleich der Form der Meßkraftkurven hervor.

Die unterschiedlichen Beträge der einzelnen kennzeichnenden Größen und die damit zusammenhängenden Wirkungen sollen hier noch nicht diskutiert werden. Hierauf wird erst in späteren Kapiteln (s. Abs. 3.4 und 3.5) eingegangen.

3.286 Beeinflussung des Meßkraftverlaufes durch Dauerbeanspruchungen

Die bisher besprochenen Versuchsergebnisse wurden ausschließlich mit fabrikneuen Meßuhren und Feinzeigern erzielt. Es ist aber zu erwarten, daß der durch häufige Verwendung eintretende Verschleiß in Führungen, Lagern und an Zahnrädern sich auf die Meßkraft auswirkt.

Um die Auswirkungen von Dauerbeanspruchungen näher zu untersuchen, wurden mehrere 1/1000-Meßuhren Dauerversuchen unterworfen. Dazu wurde der Meßbolzen der in eine Prüfmaschine eingespannten Meßuhr mit einer sinusförmigen Bewegung über den gesamten Meßbereich verschoben. Ein Zählwerk gestattete es, die Zahl der Bewegungswechsel abzulesen. Nach jeweils 10 000 Bewegungswechseln wurde die Meßkraftkurve registriert.

Die Abbildungen 46a bis f zeigen die Versuchsergebnisse, die an einer Meßuhr der Type B erzielt wurden. Es wird deutlich, daß schon nach 10 000 Bewegungswechseln eine Beinträchtigung des Zahneingriffs am Ritzel III erfolgt (Störung mit der Periodenlänge 620 µ). Dadurch werden die ursprünglichen Kraftstufen von 5 p auf 15 bis 20 p vergrößert. Zugleich tritt eine Vergrößerung der Meßkraftspanne ein. Die Form der Meßkraftkurve erlaubt den Schluß, daß die wesentliche Ursache dafür auch im Ritzel III liegt.

Die weiteren über 10 000 Bewegungswechsel hinausgehenden Dauerbeanspruchungen ändern das Bild nicht mehr wesentlich, vielmehr tritt nur eine schwache Vergrößerung der Meßkraftspanne ein, die nach 50 000 Bewegungswechseln ca. 60 p erreicht. Gleichzeitig sind auch die kurzperiodischen Störungen von 10 p auf 15 bis 20 p angestiegen.

Die Ursache dieser Veränderungen ergibt sich bei näherer Untersuchung der Meßuhr. An Zahnstange und Ritzel III waren keine deutlichen Verschleißspuren zu sehen, allerdings waren die Zähne an der Eingriffsstelle mit dunklem Öl bedeckt, das sicher Abrieb enthielt. Dagegen war das Lager des Ritzels III ausgelaufen.

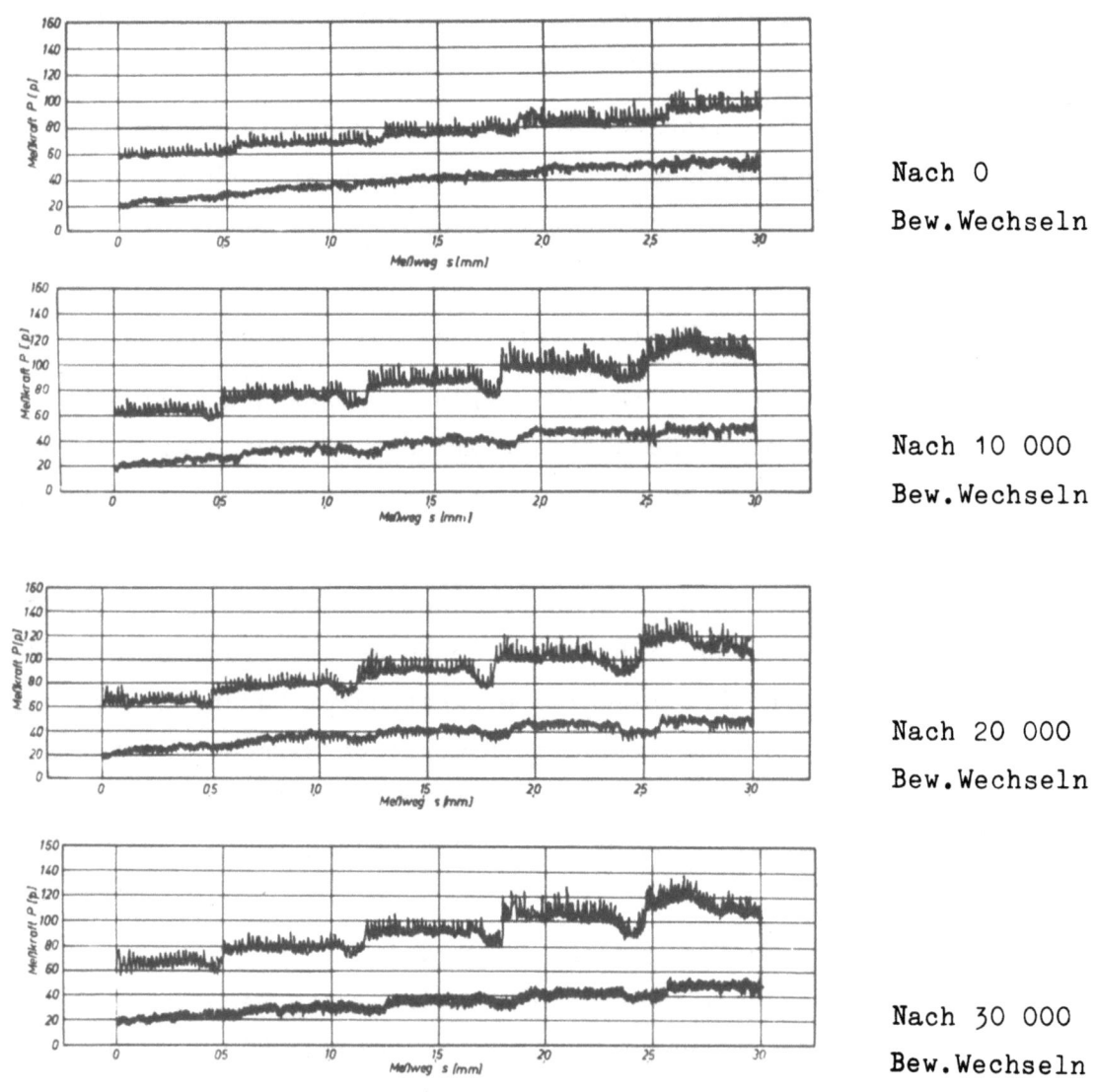

Nach 0 Bew.Wechseln

Nach 10 000 Bew.Wechseln

Nach 20 000 Bew.Wechseln

Nach 30 000 Bew.Wechseln

A b b i l d u n g   46a bis d
Auswirkungen von Dauerbeanspruchungen auf den Meßkraftverlauf

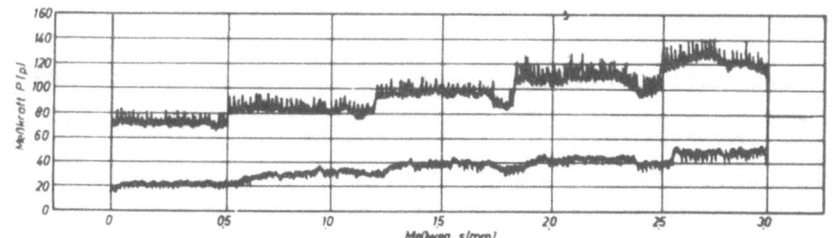

Nach 40 000 Bew.Wechseln

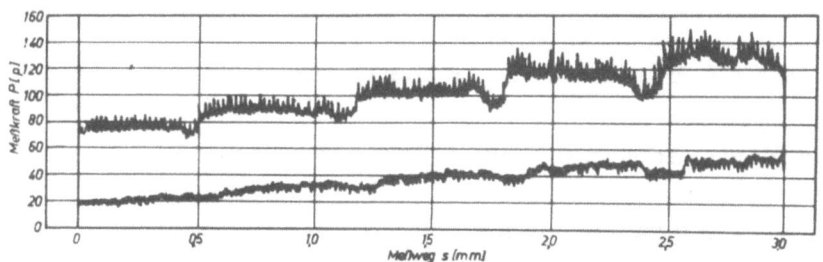

Nach 50 000 Bew.Wechseln

A b b i l d u n g   46e und f
Auswirkungen von Dauerbeanspruchungen auf den
Meßkraftverlauf

Ein weiterer Versuch wurde daraufhin an einer Meßuhr mit Lagersteinen durchgeführt.

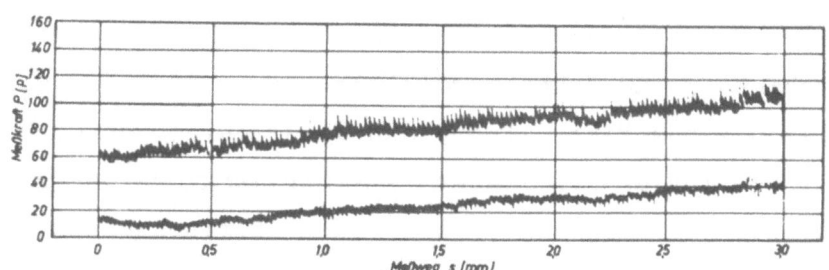

A b b i l d u n g   47a
Meßkraftverlauf nach 20 000 Bewegungswechseln

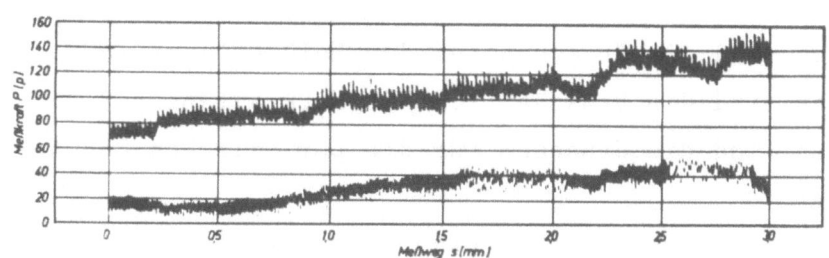

A b b i l d u n g   47b
Meßkraftverlauf nach 50 000 Bewegungswechseln

Die Abbildungen 47a und b zeigen den Meßkraftverlauf dieser Uhr nach 20 000 und 50 000 Bewegungswechseln. Wieder treten die vom Zahnstangeneingriff herrührenden periodischen Störungen stark hervor. An der zerlegten Uhr wurde wiederum erheblicher Verschleiß in der Lagerung des Ritzels III festgestellt. Der Durchmesser der Lagerbohrung wurde auf dem Zeiss-Universal-Meßmikroskop zweimal, an zwei um 90° versetzten Stellen, gemessen und es ergaben sich folgende Werte:

$$D_1 = 0,821 \text{ mm} \qquad D_2 = 0,818 \text{ mm}$$

Die entsprechenden Werte an einer neuen Uhr betrugen:

$$D_1 = 0,805 \text{ mm} \qquad D_2 = 0,808 \text{ mm}$$

Damit ergeben sich Durchmesser-Änderungen von 16 bzw. 10 µ. An den weiteren Lagern der Meßuhren waren, wie aus dem Meßkraftverlauf zu erwarten ist, keine deutlichen Durchmesserveränderungen festzustellen.

Da die untersuchten Meßuhren zykloidenverzahnte Räder haben, ist der starke Einfluß des Lagerverschleißes auf die Meßkraft erklärlich. Zykloidenverzahnungen sind für ihre Empfindlichkeit gegenüber Achsabstandsfehlern bekannt.

Untersuchungen an weiteren drei Meßuhren der Type A bestätigen die hier wiedergegebenen Ergebnisse: Auch hier war vor allem eine Veränderung des Lagerdurchmessers am Zahnstangenritzel festzustellen, wobei sich in einem Fall an einem Messinglager ein Unterschied von 0,28 mm(!) ergab. Auch wirkte sich dieser Fehler in einer Vergrößerung der Meßkraftspanne und in der Erhöhung der periodischen Kraftschwankungen aus.

3.29 Zusammenfassung der Ergebnisse der Meßkraftmessungen

Die in den vorstehenden Abschnitten dargestellten Ergebnisse der Meßkraftuntersuchungen geben eine Antwort auf die folgenden Fragen:

1. Welches sind die Ursachen für den Meßkraftanstieg?
2. Welches sind die Ursachen für die Meßkraftspanne?
3. Welches sind die Ursachen für die periodischen Schwankungen der Meßkraft?
4. Welche Einflüsse bewirken eine Änderung der Form und der Lage der Meßkraftkurve?

Zu 1. Der Anstieg bzw. Abfall der Meßkraft längs des Meßweges rührt im wesentlichen <u>nur</u> von der Vorspannfeder des Getriebes (F_2 in Abbildung 48) her. Es ist hier zu beachten, daß das durch die Spiralfeder F_2 bewirkte Drehmoment und seine Änderung am Getriebeeingang stark übersetzt auftritt. Die günstigsten Ergebnisse zeigen sich, wenn diese Spiralfeder nicht unmittelbar auf die Zeigerwelle wirkt, sondern auf ein nachgeschaltetes Untersetzungsrad (Z in Abbildung 48) Dadurch wird der Federweg verringert und zugleich steht über dem

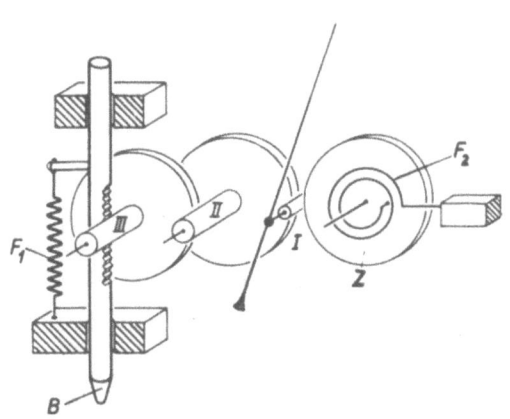

A b b i l d u n g   48
Aufbauschema einer Meßuhr

großen Untersetzungsrad ein größerer Wickelraum zur Verfügung, der die Verwendung einer langen, weichen Spiralfeder erlaubt. Der Erfolg zeigt sich am besten bei den Meßuhren der Type B (S.36), wo Versuche ergaben, daß längs eines Meßweges von 3 (!) mm die Feder F_2 nur einen Kraftanstieg von 40 p, d.h. von 1,3 p/100 µ verursacht. Demgegenüber bedingt die Rückholfeder des Meßbolzens F_1 im allgemeinen nur einen unwesentlichen Kraftanstieg, sondern vielmehr eine Erhöhung der gesamten Kraftkurve. Bei den Meßuhren der Type B, beträgt sie z.B. ca. 20 p. Es ist daher bis zu Meßwegen von 3 mm bei geeigneter Konstruktion völlig überflüssig, eine konstante Meßkraft durch Hebelanordnungen oder Ausgleichskurven zu erzeugen.

Zu 2. Bei guten Meßuhren und Feinzeigern liegt die Ursache für die Meßkraftspanne in der Hauptsache in der Führung des Meßbolzens. Die hier auftretenden Reibungskräfte sind nur in seltenen Fällen unter ± 10 p zu verringern, während die am Meßbolzen wirksamen Reibungskräfte der Zahnräder und Lager nur ungefähr den 4. Teil dieses Wertes erreichen. Allerdings verschiebt sich dieses Verhältnis bei zunehmender Getriebevorspannung zu Ungunsten des Getriebes.

Eine Verringerung der Meßkraftspanne ergibt sich durch Verwendung eines drehbar gelagerten Meßstößels, der bei verschiedenen Feinzeigern angewandt wird. Hier läßt sich auch mit einfachen Fertigungsmitteln die Meßkraftspanne auf weniger als 10 p verringern. Beim längsgeführten Meßbolzen läßt sich durch Membranlagerung des Bolzens eine völlig reibungsfreie Lagerung erzielen. Mit einem nachgeschalteten guten Werk dürfte ein solches Meßgerät mit einer Kraftspanne von 5 p zu bauen sein.

Zu 3. Die periodischen Schwankungen der Meßkraft rühren ausschließlich vom Zahneingriff der Getrieberäder her. Die hierbei nach Größe und Richtung sich ändernden Zahnflankenkräfte bewirken eine unterschiedliche Vorspannung des Getriebes und führen durch veränderliche Reibungskräfte zu ungleichmäßigen Kräften am Meßbolzen. Fast ausnahmslos wurde festgestellt, daß die durch das Zeigerritzel verursachten Störungen alle übrigen überwiegen. Das hat folgende Gründe:

a) Das Zeigerritzel hat einen besonders kleinen Durchmesser. Lagefehler und Zahnformfehler wirken sich deshalb besonders stark aus.

b) Die beim Zahneingriff des Zeigerritzels auftretenden Zahnflankenkräfte werden bis zum Getriebeeingang (Meßbolzen) stark übersetzt. Dies hat besondere Konsequenzen, weil dabei der gesamte Getriebezug als Feder wirkt (Näheres siehe Abs. 3.362).

Während der Zahneingriff des Eingangs- (Zahnstangen-)Ritzels bei neuen Meßuhren kaum in Erscheinung tritt, zeichnen sich die dadurch hervorgerufenen Störkräfte nach häufiger Benutzung umso mehr ab. Dabei sind hier weniger Zahnformfehler als vielmehr Abstandsfehler von Einfluß. Sie treten umsomehr in Erscheinung, als die Lagerung gerade dieses Ritzels bei Bewegungsumkehr besonders stark beansprucht wird. Da das nachgeschaltete Getriebe nämlich als träge Masse wirkt, müssen bei einer Bewegungsumkehr des Meßbolzens die gesamten Massenkräfte des Getriebes durch das Ritzellager aufgenommen werden, so daß hier starker Verschleiß entsteht.

Zu 4. Die Meßlage, die Meßbolzengeschwindigkeit und sogar seitliche Kräfte, die auf den Meßbolzen wirken und bei Messungen auf bewegten Oberflächen auftreten, beeinflussen den charakteristischen

Verlauf der Meßkraftkurve nicht, sondern führen nur zu geringfügigen Verlagerungen der Gesamtkurve.

Bei Dauerbeanspruchungen ergeben sich Veränderungen des Meßkraftverlaufes vor allem durch Verschleiß des Zahnstangen-Ritzel-Lagers, während ein Verschleiß an den Zähnen der Getrieberäder noch nach 50 000 Spielen nicht mit Sicherheit festgestellt werden kann.

Die Überprüfung von je 10 Exemplaren der gleichen Type zeigte, daß vor allem bei Fabrikaten mit günstigen kennzeichnenden Werten (kleine Meßkraftspanne, kleiner Kraftanstieg), die auf eine sorgfältige Fertigung schließen lassen, keine großen Streuungen der einzelnen Kennwerte auftreten, so daß Meßkraft-Überprüfungen an einer oder zwei Exemplaren zu Ergebnissen führen, die für die betreffende Type als repräsentativ gelten können.

In dem vorstehenden Kapitel sind an verschiedenen Stellen Überlegungen über den Aufbau der Meßuhren und Feinzeiger angestellt worden, die Versuchsergebnisse und andere Erscheinungen klären sollten. Gerade die Darstellung der Meßuhr als System, das aus einer Kette von Gliedern aufgebaut ist, die teils durch ihre Federeigenschaften, teils durch Reibungseffekte wirksam werden, hat sich als besonders aufschlußreich erwiesen und legt den Schluß nahe, daß nicht nur der Kraftverlauf, sondern auch andere Eigenschaften der Meßuhr durch dieses Ersatzbild erklärt werden können.

Mit dem Ziel, die Zusammenhänge zwischen diesen Eigenschaften zu klären, wurde an einer Reihe der im vorstehenden Kapitel angeführten Meßuhren und Feinzeiger die Anzeigegenauigkeit, die Umkehrspanne und die Streuung untersucht.

Die Versuchsergebnisse und die ermittelten Zusammenhänge werden in den folgenden Kapiteln diskutiert.

3.3 Die Anzeigefehler

3.31 Ursachen der Anzeigefehler

Als Anzeigefehler einer Meßuhr bezeichnet man Wegfehler, die am Zeiger in Erscheinung treten, d.h. also Fehler in der Wegzuordnung zwischen Meßuhreingang und Meßuhrausgang.

Solche Zuordnungsfehler können zwei Ursachen haben:

1. Sie können durch falsche Übersetzungsverhältnisse zwischen Getriebeeingang und Getriebeausgang bedingt sein. Solche Übersetzungsfehler sind bei Meßuhren verursacht durch Teilungsfehler der verwendeten Zahnstange, Zahnräder und Ritzel, die ihrerseits auf ungleiche Zahnabstände oder auf falsche Zahnform zurückzuführen sind. Übersetzungsfehler ergeben sich weiterhin durch Achsverlagerungen, die sich als Verschiebung des Hebeldrehpunktes auswirken, und durch Rundlauffehler der Zahnräder, die ebenfalls eine Änderung der Hebellänge zur Folge haben. Bei Feinzeigern mit Übersetzungshebeln treten ebenfalls entsprechende Fehler durch Achsverlagerungen auf.

2. Zuordnungsfehler sind im Verein mit der Nachgiebigkeit des Getriebezuges durch im Übersetzungsmechanismus auftretende Kräfte bedingt. Bei einer idealen Meßuhr müßten Eingang (Meßbolzen) und Ausgang (Zeiger) völlig starr miteinander verbunden sein. In der Praxis ist dies nie erfüllt; schon bei der Erklärung der Meßkraftspanne im kleinen Bereich (s.Abs. 3.284) mußte deshalb von diesem Bild abgegangen werden und dafür ein Ersatzsystem aus federigen Gliedern eingeführt werden.

   Die in diesem System wirkenden Kräfte kommen auf folgende Weise zustande:
   Beim Eingriff zweier sich bewegender Zahnräder treten auch unter idealen Bedingungen an den Zahnflanken Eingriffskräfte von wechselnder Größe und Richtung auf, die bei schlechter Zahnform und falschen Achsabständen umsomehr in Erscheinung treten. Die in die Radtangente fallende Komponente dieser Kräfte führt dazu, daß das Drehmoment innerhalb des Getriebes Schwankungen unterworfen ist, so daß sich Auswirkungen auch auf die gleichförmige Drehbewegung der Zahnräder, d.h. auf die Anzeige ergeben.

Zu 1. Aus dem Getriebeschema einer Meßuhr geht hervor, daß sich als Übersetzungsfehler am Zeiger die Teilungs- und Rundlauffehler am Getriebeeingang ganz besonders auswirken, weil die hier auftretenden Wegfehler durch die nachfolgenden Getriebestufen übersetzt werden. Andererseits kommt der periodische Charakter der von den ersten Getriebestufen herrührenden Fehler kaum zur Geltung, da die Periodenlänge zu groß ist. Beispielsweise hat der durch den Zahneingriff des ersten Ritzels in der Zahnstange hervorgerufene

Fehler eine Periodenlänge von ca. 600 µ. Er liegt somit in einem Bereich, der bei einer genauen Messung nie ausgenützt werden darf.

Auch der Zahneingriff des Ritzels der Welle II hat noch eine Periode von mehr als 100 µ. Beim Zeigerritzel können sich allerdings durch Teilungsfehler bedingte Wegfehler mit einer Periodenlänge von 20 µ einstellen. Sie dürfte aber nur sehr klein sein, da nur eine Übersetzung im Verhältnis des Teilkreisradius zur Zeigerlänge erfolgt.

Zu 2. Gerade entgegengesetzte Verhältnisse ergeben sich bezüglich der Wegfehler, die durch im Getriebezug wirkende Kräfte auftreten. Da die durch das Getriebe geleitete Energie, abgesehen von Verlusten, konstant ist, werden Kräfte, die am Zeigerritzel auftreten, bis zum Getriebeeingang hin stark übersetzt und belasten den gesamten Getriebezug in unterschiedlichem Maße. Bei einer 1/1000-Uhr beträgt die Kraftübersetzung vom Zeigerritzel zum Meßbolzen ca. 40:1, d.h. eine tangentiale Kraft von 0,5 p, die im Teilkreis des Zeigerritzels angreift, wirkt am Meßbolzen als Kraft von 20 p. Solche Kräfte stellen sich beim Abwälzen der Zahnflanken mit wechselnder Größe und Richtung tatsächlich ein, wie frühere Ergebnisse zur Genüge gezeigt haben.

3.32 Die Messung der Anzeigefehler

Bisherige Meßmethoden

Die Prüfung der Anzeigefehler von 1/100-Uhren erfolgt im allgemeinen mit Meßanordnungen, die Schraublehren ähnlich sind, und sich nur durch genauere Meßspindeln und größere Skalenteilungen von diesen unterscheiden [6]. Daneben wurden in jüngerer Zeit auch Anordnungen bekannt, die eine kontinuierliche Messung der Anzeigefehler gestatten [7] [8].

Messungen an 1/1000-Meßuhren lassen sich mit diesen Geräten aber nur unter Verwendung einer Korrektionstabelle oder durch Schablonenkorrektion der Spindelfehler ausführen, da die geforderte Meßsicherheit von ca. 0,2 µ sonst nicht garantiert werden kann.

Andere Meßanordnungen, die allerdings nur für kleine Prüfbereiche geeignet sind, benutzen einen unsymmetrischen Hebel, an dessen größerem Hebelarm eine - meist mit Rasten versehene - Mikrometerschraube angreift. Die Bewegung dieser Schraube tritt im Hebelverhältnis verkleinert am kürzeren Hebelarm auf und dient dazu, definierte Verschiebungen in den zu prüfenden Feinzeiger einzuleiten. Diese Prüfeinrichtung erfordert allerdings eine außerordentlich genaue Lagerung des Hebels, die zugleich vollkommen spielfrei wie auch hysteresefrei sein muß.

Das Ergebnis von Umfragen war, daß keine Prüfeinrichtung für die Messung der Anzeigefehler mit hoher Genauigkeit über große Prüfbereiche (1 mm und mehr) existieren.

Eine solche Prüfung scheint fast unmöglich und andererseits auch ziemlich überflüssig, da Messungen des Millimeters mit einer Meßgenauigkeit, die unter 1 μ liegt, nicht mit Meßuhren durchgeführt werden. Vielmehr werden erfahrungsgemäß auch 1/1000-Meßuhren mit Meßbereichen von einem oder mehreren Millimetern in der Praxis vor allem in Bereichen unter 100 μ angewendet.

Die Messung der Anzeigefehler wurde daher von vornherein mit Beschränkung auf Meßbereiche von 100 μ unternommen. Diese Beschränkung erscheint auch aus folgenden Gründen sinnvoll: Eine Bestimmung der Anzeigegenauigkeit mit selbsttätiger Registrierung - in der Art, die bei der Aufnahme der Meßkraftkurven angewandt wurde - ist bei der geforderten hohen Meßgenauigkeit unmöglich. Dabei ist vor allem ausschlaggebend, daß zur Abtastung der jeweiligen Zeigerstellung nur völlig kräftefreie, d.h. berührungslose Meßmethoden in Frage kommen, die andererseits keine kontinuierliche Messung über den gesamten Skalenumfang erlauben.

Die Messung der Anzeigefehler muß daher visuell erfolgen und erfordert demnach bei sorgfältiger Durchführung einen erheblichen Zeitaufwand: Bei der Bestimmung der Anzeigefehler je Skalenteil über 100 μ werden im allgemeinen drei Meßreihen mit je 100 Meßwerten durchgeführt, wobei der Einstellwert wegen des Einflusses der Umkehrspanne nur stets von einer Seite her angefahren werden darf, so daß bei geringer Überschreitung häufig eine Wiederholung der Einstellung nötig ist.

Da die oben angeführten Meßeinrichtungen zum Teil nicht zur Verfügung standen, zum Teil nicht zuverlässig erschienen, wurde eine eigene Meßmethode und eine neue Meßeinrichtung verwendet.

3.33 Grundsätzliches über die verwendete Meßmethode

Der Meßmethode zur Bestimmung der Anzeigefehler liegt der Gedanke zugrunde, die Anzeige mit einem Interferenz-Maßstab, d.h. mit einem Maßstab aus stehenden Lichtquellen zu vergleichen. Eine Möglichkeit dazu ergibt sich aus dem nachfolgend dargestellten Interferenzprinzip.

Läßt man in der in Abbildung 49 gezeigten Anordnung monochromatisches, parallel gerichtetes Licht auf einen halbdurchlässigen Spiegel HSp fallen, so wird ein Teil des Strahls zum Spiegel Sp_1 abgelenkt und von diesem reflektiert.

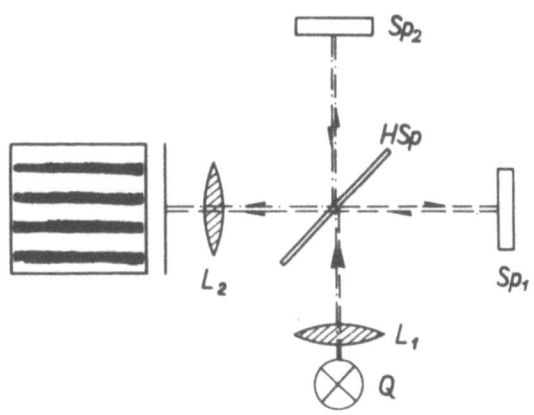

A b b i l d u n g   49
Interferenzanordnung zur Messung kleiner
Verschiebungen

Der andere Teil des Strahls läuft ungebrochen weiter und kommt am Spiegel Sp_2 und schließlich an der Rückseite von HSp zur Reflexion. Werden beide Strahlen in der Brennebene der Linse L_2 gesammelt, so erhält man dort das in der Abbildung links gezeigte Bild. Je nach der Phasenlage der beiden interferierenden Strahlen tritt im jeweiligen Abbildungspunkt eine Aufhellung bzw. eine Auslöschung des Lichteindrucks ein. Das Auftreten paralleler Interferenzstreifen in der Abbildung weist daraufhin, daß die beiden Spiegel Sp_1 und Sp_2 nicht normal zur Strahlrichtung stehen.

Wird einer der beiden Spiegel in der Strahlrichtung bewegt, so treten Phasenunterschiede der interferierenden Strahlen auf, die zu einer Verschiebung der Interferenzstreifen - in der Abbildung nach oben oder nach unten - führen. Diese Verschiebung beträgt einen Streifenabstand, wenn die Spiegelverschiebung $\lambda/2$ beträgt, d.h. wenn der Spiegel um eine halbe Wellenlänge des verwendeten monochromatischen Lichtes verschoben wird.

Bei Verwendung der grünen Thalliumlinie ($\lambda = 5350,46$ Å) entspricht also der Streifenabstand einer Längsverschiebung des Spiegels von $0,2675\,\mu$. Man gewinnt auf diese Weise einen Maßstab mit einem "Teilungsintervall" von $0,2675\,\mu$. Mit diesem feingeteilten Interferenzmaßstab läßt sich dementsprechend eine große Einstellgenauigkeit erzielen.

3.34 Die Meßanordnung zur Messung der Anzeigefehler

Zur Messung der Anzeigefehler wurde der folgende Versuchsaufbau verwendet:

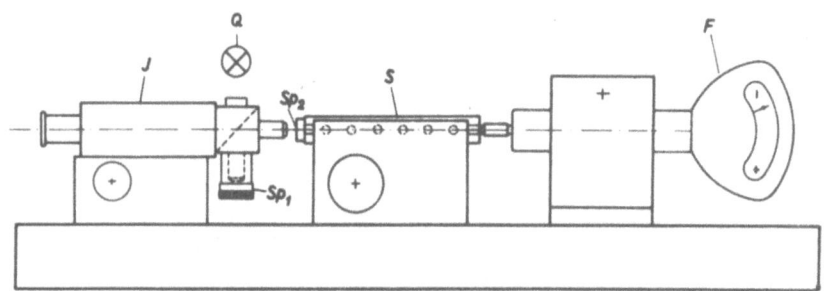

Abbildung 50
Versuchsaufbau zur Bestimmung von Anzeigefehlern
durch Interferenz

Der zu untersuchende Feinzeiger F ist achsenparallel mit einem Interferenzgerät J auf einer stabilen Grundplatte aufgespannt. Der Meßbolzen stützt sich gegen die geläppte Endfläche eines in Achsrichtung verschiebbaren Schlittens S ab. Dieser Schlitten trägt auf der Gegenfläche einen Spiegel Sp_2, an dem das eine der interferierenden Strahlenbüschel reflektiert wird. Bei der Messung wird folgendermaßen vorgegangen:

Der Schlitten wird so eingestellt, daß eine Interferenzlinie mit dem Okularfadenkreuz zur Deckung kommt. Die dabei eintretende Zeigerstellung des Feinzeigers wird bestimmt. Dazu wird im Gegensatz zum normalen Gebrauch der Feinzeiger ein Mikroskop benutzt. Es dient einerseits dazu, die Parallaxe zwischen Zeiger und Zifferblatt auszuschalten und zum zweiten, den persönlichen Ablesefehler durch eine Vergrößerung der Skala zu verringern. Nach Ablesung des Anzeigewertes wird durch Verschieben des Schlittens der nächste Interferenzstreifen mit dem Fadenkreuz zur Deckung gebracht und der zugehörige Anzeigewert wieder am Feinzeiger abgelesen, u.s.f.

Abbildung 51
Versuchsanordnung zur Messung von Anzeigefehlern

Für den Versuch wurde ein Meßschlitten mit besonders großer Führungsgenauigkeit und spielfreier Verschiebung gebaut (Abb. 51). Die Interferenzen wurden mit einem vorhandenen Interferenzmikroskop erzeugt und gemessen. Als Lichtquelle diente eine Tl-Spektrallampe (λ = 5350,46 Å). Die Messungen wurden in einem klimatisierten Raum durchgeführt, Streuungen durch äußere Störeinflüsse wurden durch mehrfache Wiederholung der Meßreihen eliminiert.

3.35 Messung der Anzeigefehler eines Mikrokators

Mit der geschilderten Meßeinrichtung wurden zunächst die Anzeigefehler eines Mikrokators mit 0,5 μ Skalenwert bestimmt.

3.351 Meßunsicherheit

Die Unsicherheit der Messung läßt sich in folgender Weise abschätzen: Die Einstell-Unsicherheit der Interferenzstreifen sei mit 1/10 Streifenabstand, d.i. 0,03 μ angenommen. Die Ablesung der Anzeige am Mikrokator erfolgt mit einer Unsicherheit von 1/10 Skalenteil, d.i. 0,05 μ. Der einzelne Ablesewert ist daher mit einer Unsicherheit von 0,08 μ behaftet. Die Wellenlänge der grünen Thallium-Linie kann nach Angaben der Lieferfirma der Spektrallampe durch Druckänderungen im Brennkolben in extremen Fällen um $\pm$ 2,5 ‰ schwanken. Im Prüfbereich von 30 μ, der etwas mehr als 50 λ umfaßt, könnte also ein Maximalfehler von $50 \cdot \frac{5}{1000} \cdot \lambda$ = 0,13 μ auftreten. Dieser Fehler muß als gleichmäßiger Gang in Erscheinung treten.

3.352 Meßergebnisse

In Abbildung 52 sind die Abweichungen von der Soll-Anzeige des Mikrokators angegeben.

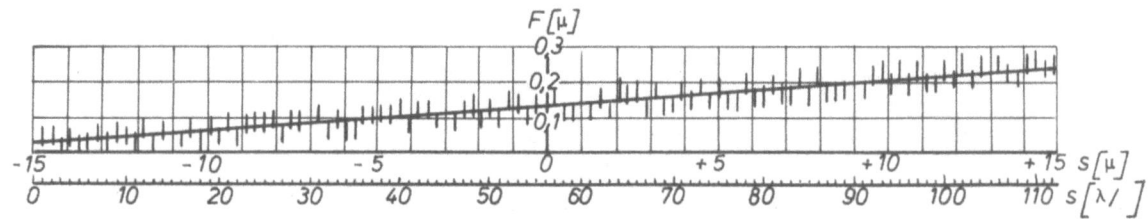

Abbildung 52
Anzeigefehler eines Mikrokators

Die Summenkurve wurde durch Mittelbildung aus drei Meßreihen gebildet. Bei jedem Meßwert wurde die - durch die Mittelbildung verringerte - Meßunsicherheit durch Aufzeichnen eines "Balkens" berücksichtigt. Aus der Fehlerkurve ergibt sich ein gleichmäßiger Gang des Anzeigefehlers F, der im Meßbereich von 30 µ zu einem Gesamtfehler von 0,2 µ führt. Welcher Teil dieses Fehlers auf Übersetzungsfehler zurückzuführen ist und welcher auf Kosten einer Wellenlängenverschiebung geht, konnte nicht festgestellt werden, da keine Meßeinrichtung zur exakten Wellenlängenbestimmung (Spektrograph) zur Verfügung stand. Doch ist als wesentliches Ergebnis festzuhalten, daß der Anzeigefehler des Mikrokators keinen periodischen Verlauf hat und nur 6 ‰ der Gesamtanzeige beträgt.

3.36 Messung der Anzeigefehler von Meßuhren und Feinzeigern

Das vorstehende Ergebnis führte dazu, daß die Anzeigefehler von Meßuhren und Feinzeigern nicht, wie ursprünglich beabsichtigt, mit der Interferenzeinrichtung bestimmt wurden, sondern mit einer Meßanordnung, die in Abbildung 53 gezeigt ist.

Die zu untersuchende Meßuhr stützt sich mit ihrem Meßbolzen gegen einen auf einem Schlitten verschiebbaren Block mit geläppten Endflächen ab, dessen Verschiebung mit dem geprüften Mikrokator gemessen wird. Die sichtbare Mikrometerschraube dient nur zum Verschieben des Schlittens, nicht zum Messen der Verschiebung. Zur Eliminierung von Meßfehlern wurde wieder ein genau geführter Meßschlitten verwendet, und der untersuchte und der Vergleichs-Feinzeiger sind mit fluchtenden Achsen aufgespannt. An beiden werden die Anzeigewerte mit einem Mikroskop abgelesen.

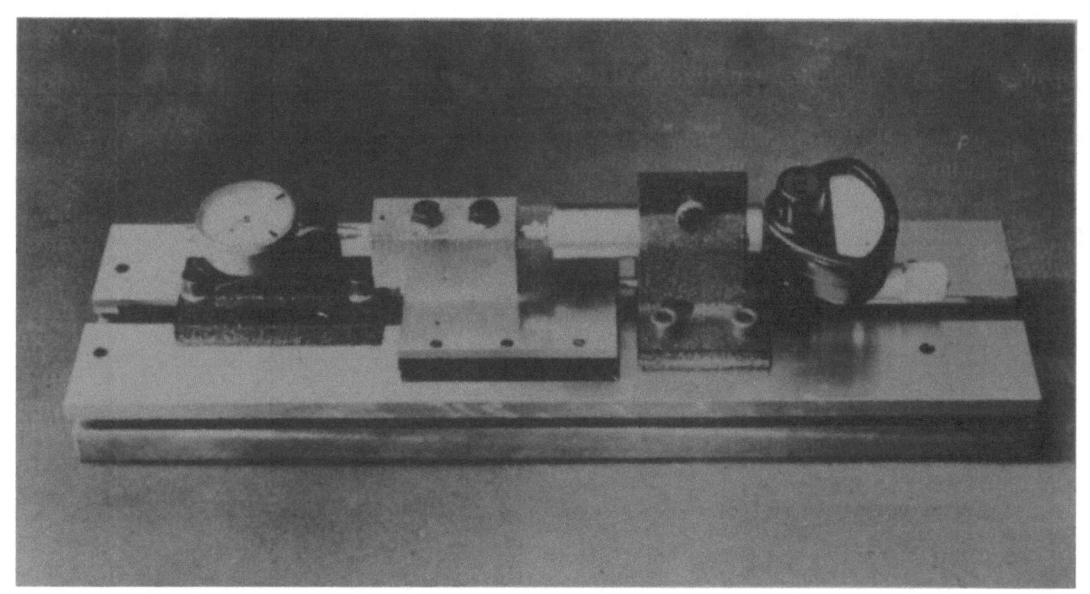

Abbildung 53

Versuchsaufbau zur Bestimmung des Anzeigefehlers

3.361 Meßunsicherheit

Betrachtet man zunächst den Vergleichs-Mikrokator als fehlerfrei, so ergeben sich die Meßfehler allein durch die Ablesefehler der beiden Feinzeiger. Sie betragen bei Mikroskopablesung für den Mikrokator etwa 0,05 µ, für den untersuchten Feinzeiger weniger als 0,1 µ. Im ungünstigsten Fall darf man also annehmen, daß der durch die Ablesung verursachte Gesamtfehler nicht mehr als 0,15 µ beträgt. Durch Mittelbildung aus mehreren Meßreihen verringert sich dieser Wert, so daß bei den angegebenen Meßergebnissen im allgemeinen mit einer Unsicherheit des Einzelwertes von 0,1 µ gerechnet werden muß.

3.362 Meßergebnisse

Die Anzeigefehler der im Abschnitt 3.26 besprochenen Meßuhren und Feinzeiger wurden mit der erwähnten Meßeinrichtung bestimmt. Die Abweichungen der Anzeige vom Sollwert wurden von µ zu µ gemessen, summiert und als Summenfehlerkurve aufgezeichnet. Eine solche Kurve ist in Abbildung 54 wiedergegeben.

Der Anzeigefehler erreicht bei der Anzeige + 10 µ einen Höchstwert von 1 µ. Die Kurve zeigt über den ganzen Bereich von 100 µ einen Verlauf, der der halben Periode einer Sinusfunktion entspricht. Ihm sind periodische Fehler mit einer Periodenlänge von 15 µ überlagert. Das Aufbauschema des betreffenden Feinzeigers läßt die Ursache dieses Fehlerverlaufs erkennen:

Der langperiodische Fehler dürfte von einem Rundlauffehler der Verzahnung des Zeigerritzels herrühren, der entweder durch falsche Aufspannung beim Fräsen oder durch einen Rundlauffehler des Teilrades der Verzahnungsmaschine verursacht ist. Die kurzperiodischen Fehler haben die Zahneingriffs-Periode des Zeigerritzels.

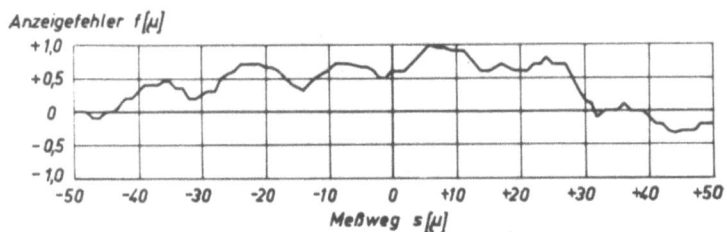

A b b i l d u n g   54

Anzeigefehler einer Meßuhr

Zur Klärung der Zusammenhänge ist in Abbildung 55 der Verlauf des Anzeigefehlers des erwähnten Feinzeigers der Meßkraftkurve gegenübergestellt.

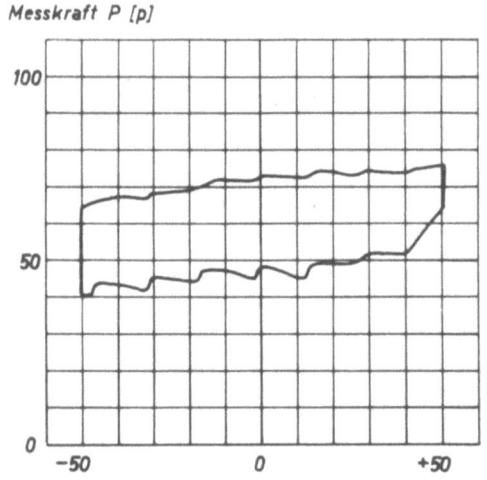
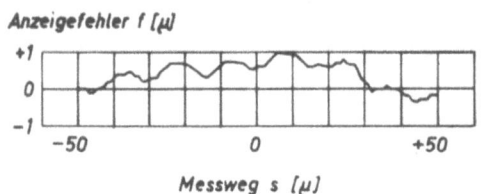

A b b i l d u n g   55

Zusammenhang zwischen Meßkraft und Anzeigefehler

Dabei zeigt sich deutlich, daß der Anzeigefehler denselben periodischen Verlauf hat wie die Meßkraft, und zwar entspricht jede Erhöhung der Meßkraft (bei -45, -30, -15 ... µ) einer Erniedrigung der Anzeige. Dieser Zusammenhang führt schon hier zu dem Schluß, daß es sich nicht um einen auf Teilungsfehler zurückgehenden Übersetzungsfehler, sondern um einen durch Kräfte verursachten Fehler handelt. Beim Eingriff jedes Zahnes muß nämlich eine der Bewegung entgegenwirkende Kraft überwunden werden. Das Getriebe wird bis zu ihrer Überwindung vorgespannt und bleibt so lange gegenüber seiner Sollbewegung zurück.

Dieser Schluß wird auch durch die gleichmäßige Tendenz und Größe der Anzeigefehler - Schwankungen bestärkt, deren Minimalwerte immer Maximalwerten der Meßkraft gegenüberstehen.

Wären diese Schwankungen durch Teilungsfehler verursacht, d.h. reine Übersetzungsfehler, so wäre mindestens über einen Teil des Ritzelumfanges dieser Zusammenhang zwischen Anzeigefehler und Meßkraftschwankung gestört. Da nämlich der summierte Einzelteilungsfehler f_t des Ritzels nach einer vollen Umdrehung den Wert 0 annimmt, müßten Abschnitten mit Anzeigefehler-Minima auch solche folgen, wo einem Kraftmaximum auch ein Anzeigefehler-Maximum entspricht. Diese Beobachtung wurde aber in keinem Falle gemacht.

Eine qualitative Bestätigung des vorerwähnten Sachverhaltes zeigt Abbildung 56.

Hier ist der Anzeigefehler des auf Seite 41 erwähnten Feinzeigers wiederum der Meßkraftkurve gegenübergestellt und es zeigt sich, daß hier der periodische Charakter des Anzeigefehlers kaum in Erscheinung tritt. Auch in der Meßkraftkurve treten periodische Störungen nur in geringem Maß auf, so daß offenbar nur geringe Zwangskräfte vorliegen.

Den Versuch einer quantitativen Bestätigung erlauben die in Abbildung 57 dargestellten Meßergebnisse.

Sie stellen einen Ausschnitt aus der Meßkraft- und der Anzeigefehlerkurve einer 1/1000-Meßuhr der Type A dar. Den starken Schwankungen der Meßkraft, die vom Zahneingriff des Zeigerritzels herrühren, entsprechen wieder Schwankungen des Anzeigefehlers. Dabei stehen Kraftschwankungen von ca. 30 p Anzeigefehlern von 0,6 bis 0,7 µ gegenüber. Diese großen Werte gestatten den Versuch einer quantitativen Auswertung.

Schon früher wurde festgestellt, daß die am Meßbolzen wahrnehmbaren kurzperiodischen Kraftschwankungen vom Zeigerritzel herrühren, d.h.,

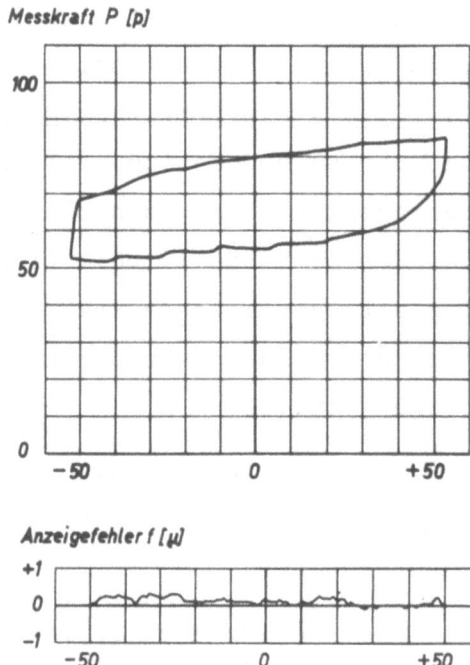

Abbildung 56
Zusammenhang zwischen Meßkraft und Anzeigefehler

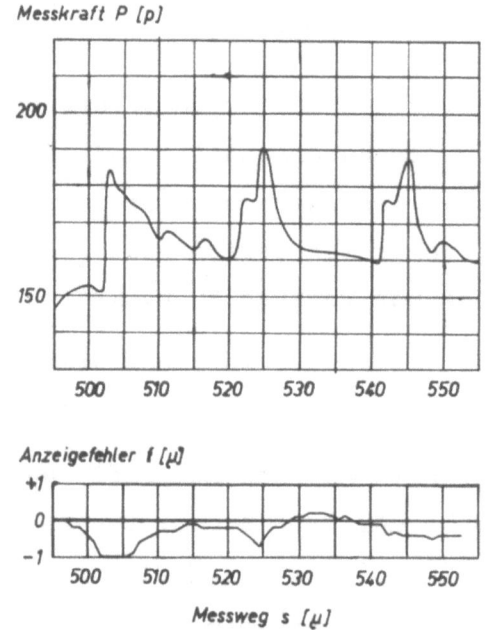

Abbildung 57
Quantitativer Zusammenhang zwischen
Meßkraft und Anzeigefehler

daß Wechselkräfte durch das gesamte Getriebe geleitet werden. Damit ändert sich die Belastung des gesamten Getriebezuges zwischen Getriebeeingang (Meßbolzen) und Getriebeausgang (Zeiger). Es ist zu erwarten, daß sich die Kraftschwankungen über die Getriebenachgiebigkeit als Wegfehler abbilden.

Die Bestätigung für die Richtigkeit dieser Annahme liefert eine Messung der Getriebenachgiebigkeit. Sie ist hier verhältnismäßig einfach durchzuführen, da die Belastung zwischen Getriebeeingang und Getriebeausgang erfolgt, die beide zur Messung zugänglich sind.

Die Messung geschieht in folgender Weise:
Die Meßuhr ist in üblicher Weise in der Kraftmeßeinrichtung eingespannt. Der Zeiger der Meßuhr (= Getriebeausgang) wird blockiert. Dann wird der Meßschlitten um definierte Beträge (z.B. 1μ, 2μ usw.) gegen das Kraftmeßelement bewegt, so daß am Meßbolzen (= Getriebeeingang) Verschiebungen bekannter Größe auftreten. Die jeweilige Kraftänderung wird mit dem Kraftmeßelement gemessen.

Bei der oben angeführten Meßuhr ergaben sich hierbei die folgenden Werte:

Verschiebung des Meßschlittens	Kraftänderung
1μ	30 p
2μ	56 p
3μ	80 p

Die Nachgiebigkeit des Meßuhrgetriebes nimmt demnach bei höheren Belastungen zu. Im Bereich der Kräfte, die durch ungleichmäßigen Zahneingriff des Zeigerritzels entstehen, hat sie den Wert:

$$B_{gem} = \frac{1}{30} = 0,033 \frac{\mu}{p}$$

Aus dem Vergleich der Meßkraft- und der Anzeigefehlerkurve (Abb. 57) erhält man für die Nachgiebigkeit den folgenden Wert:

$$B = \frac{1}{45} = 0,022 \frac{\mu}{p}$$

Der Unterschied zwischen beiden Werten ist im wesentlichen durch den Meßfehler bedingt, der durch die Nachgiebigkeit des Meßkraftelementes entsteht, die hier nicht zu vernachlässigen ist. Da die Verschiebung nämlich, wie erwähnt, nicht am Meßbolzen gemessen werden konnte, sondern am Meßschlitten bestimmt wurde, ergibt sich die tatsächliche Nachgiebigkeit des Getriebes aus der Differenz der gemessenen Getriebenachgiebigkeit B_{gem} und der Nachgiebigkeit des Kraftmeßelementes B_k ($B_k = 0,007 \frac{\mu}{p}$, s.S. 26):

$$B = B_{gem} - B_k$$
$$= 0,033 - 0,007 = 0,026 \frac{\mu}{p}$$

Damit ist eine gute Übereinstimmung zwischen dem experimentell ermittelten und dem aus Meßkraft- und Anzeigefehler-Kurve entnommenen Wert der Getriebenachgiebigkeit erreicht.

Man darf dieses Ergebnis daher als Bestätigung für die Richtigkeit der oben gemachten Annahme über den Zusammenhang zwischen Anzeigefehler und Meßkraftverlauf ansehen.

3.37 Zusammenfassung der Ergebnisse der Anzeigefehler-Messungen

Die Ursachen für Anzeigefehler von Meßuhren und Feinzeigern sind Übersetzungsfehler und Störkräfte, die über die Nachgiebigkeit des Getriebes als Wegfehler in Erscheinung treten.

Im Meßbereich von $100\,\mu$, der für die meisten Messungen ausreicht, treten durch Übersetzungsfehler bedingte Anzeigefehler kaum in Erscheinung.

Weitaus stärker zeigen sich durch Störkräfte verursachte Anzeigefehler, die beim Zahneingriff - vor allem des Zeigerritzels - auftreten, da diese Kräfte beim Durchlaufen des Getriebes der Übersetzung entsprechend verstärkt werden und zudem die Nachgiebigkeit des gesamten Getriebezuges beanspruchen.

Die Zusammenhänge zwischen diesen Fehlern und dem Meßkraftverlauf können qualitativ und quantitativ bestätigt werden.

Feinzeiger ohne Räderwerk (Mikrokator) zeigen keine periodischen Fehler sondern nur konstante Übersetzungsfehler. Mit den vorhandenen Meßmitteln lassen sich allerdings nur die Grenzen - und keine exakten Werte - für die Größe dieser Anzeigefehler angeben.

3.4 Die Umkehrspanne

3.41 Definitionen

Die Umkehrspanne ist nach DIN 878/2 folgendermaßen definiert: "Die Umkehrspanne ist die Differenz der Meßwerte, die sich bei Bestimmung derselben Meßgröße bei Zeigerbewegung einmal von kleineren Anzeigen zu größeren, zum anderen Mal von größeren Anzeigen zu kleineren ergibt".

Die Einbeziehung des Meßvorgangs ("... Bestimmung derselben Meßgröße ...") in die Definition führt allgemein zu der - irrigen - Meinung, die Umkehrspanne sei dadurch verursacht, daß bei einer Umkehr der Bewegungsrichtung des Meßbolzens auch die Richtung der in der Meßbolzenführung wirkenden Reibungskräfte sich ändere, und daß dadurch Verformungen des Meßaufbaus hervorgerufen würden, die als falsche Anzeige in Erscheinung treten.

Die in Abschnitt 3.2 wiedergegebenen Versuchsergebnisse machen klar, daß dieser Effekt nur durch die Meßkraftspanne hervorgerufen wird und durch diese auch genügend beschrieben ist.

Die Umkehrspanne muß daher anders und so definiert werden, daß sie nur Eigenschaften der Meßuhr, und nicht solche des Meßaufbaues umfaßt.

Die reine (Weg-) Umkehrspanne einer Meßuhr oder eines Feinzeigers ist daher in folgender Weise zu definieren:
"Die Umkehrspanne ist die Differenz der Anzeigewerte, die sich bei gleicher geometrischer Lage des Meßbolzens gegenüber dem Spannschaft (und nicht gegenüber dem Meßobjekt!) bei Zeigerbewegung einmal von kleineren Anzeigen zu größeren, zum anderen Mal von größeren Anzeigen zu kleineren ergibt". Sie sei hier als "innere Umkehrspanne" des Meßgerätes bezeichnet.

Die innere Umkehrspanne ist somit der Fehler der Wegzuordnung am Meßuhreingang und am Meßuhrausgang, der bei Bewegungsumkehr irgendwelcher Teile der Meßuhr auftritt.

3.42 Die Ursachen der inneren Umkehrspanne

Die innere Umkehrspanne kann durch zwei Ursachen bewirkt sein:

1. Die bei einer Bewegungsumkehr des Meßbolzens eintretende Richtungsumkehr aller Reibungskräfte im Getriebezug führt zu einem völlig veränderten "Kräftezustand", d.h. zu Änderungen der Richtung und des Betrages der Vorspannkräfte, der Zahneingriffs-Kräfte und damit der resultierenden Lagerkräfte. Diese veränderten Kräfte wirken sich über die Nachgiebigkeiten der Getriebeteile als <u>Wegfehler</u> aus.

2. Als Folge eines so veränderten Kräftezustandes treten <u>Lageveränderungen</u> einzelner Getriebeteile ein, sofern vorhandenes Spiel dies zuläßt.

Zu 1. Eine Betrachtung der Meßkraftkurven von Meßuhren (siehe z.B. Abb. 20, Seite 35, Abb. 22, Seite 37) zeigt, daß die gesamte durch Reibungskräfte bewirkte Getriebevorspannung bei einer Richtungsumkehr des Meßbolzens um 30 bis 80 p schwanken kann. Ein Vergleich der periodischen Kraftschwankungen im ansteigenden und im absteigenden Ast der Meßkraftkurve ergibt, daß allein die Umkehr der Reibungskräfte am Zeigerritzel im allgemeinen eine Änderung der periodischen Kraftschwankungen am Meßuhreingang um 100 % ergibt ! Dies läßt erwarten, daß sowohl die Eingriffsverhältnisse der Zahnräder wie auch die Größe der Meßkraftspanne sich auf die Größe der inneren Umkehrspanne auswirken.

Zu 2. Lageänderungen ergeben sich vor allem durch das Spiel der Getriebeachsen in ihren Lagerbohrungen. Die dabei auftretenden Vorgänge sind in Abbildung 58 schematisch dargestellt [7]:
An einer Welle W des Übersetzungsgetriebes wirkt die Resultierende der Zahneingriffskräfte beider Übersetzungsräder P_{res}, der durch die Auflagerkraft A das Gleichgewicht gehalten wird. Ihre Richtung hängt von der räumlichen Lage der Zahneingriffsstellen am treibenden und am getriebenen Rad und den Eingriffskräften ab.

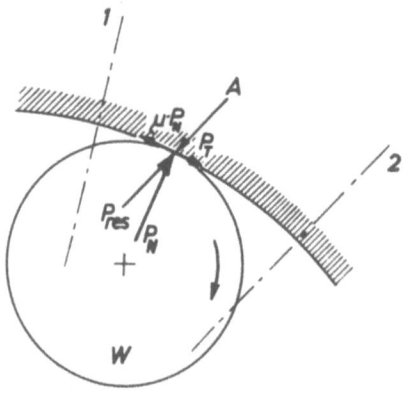

A b b i l d u n g 58
Lage der Kraft-Komponenten im Gleitlager

---

7. s. BARZ: Die Meßeigenschaften der Meßuhr, Lit. [2]

Bei einer Drehung der Welle W erfolgt unter dem Einfluß der am Zapfenumfang wirkenden Reibung ein Abrollen in der Lagerbohrung bis zu einer Grenzlage 1, in der die Reibungskraft der tangentialen Komponente P_T von P_{res} gleich ist. Bei der Umkehr der Drehrichtung rollt die Welle in eine zweite Grenzlage 2. Erst nach deren Erreichen erfolgt ein Gleiten zwischen Welle und Lager.

Keinen Einfluß - das sei betont - hat das Zahnspiel der Getrieberäder, da durch die Getriebevorspannung die Zahnflanken-Anlage unabhängig von der Bewegungsrichtung stets nur an einer Flankenseite erfolgt.

3.43 Die Messung der inneren Umkehrspanne

Aus der Definition der Umkehrspanne ergibt sich die grundsätzliche Methode zu ihrer Bestimmung: Es ist dazu nötig, dieselbe geometrische Lage des Meßbolzens einmal bei Annäherung von der Übermaß-Seite her, das andere Mal von der Untermaß-Seite her zu erzielen, und die zugehörigen Anzeigenwerte abzulesen. Ihre Differenz ist die Umkehrspanne.

Für diese Messung sind verschiedene Methoden bekannt [2].
Meist werden dazu Mikrometerschrauben oder drehbare Nocken verwendet, deren Stellung nach entsprechender Übersetzung genau bestimmt werden kann. Voraussetzung für die Richtigkeit der damit durchgeführten Messungen ist aber stets, daß die Bewegung der Mikrometerschraube selbst Umkehrspannen-frei ist bzw., daß bei der Drehung der Nocke stets dieselben Bewegungs- bzw. Anlageverhältnisse im Lager vorliegen. Da diese Voraussetzungen nicht mit der nötigen Sicherheit und Genauigkeit erfüllt sind, kommen diese Meßmethoden für die Bestimmung der inneren Umkehrspanne von 1/1000-Meßuhren und Feinzeigern nicht in Frage. Auch optische Meßmethoden, die die gegenseitige Lage von Meßbolzen und Meßuhrschaft, z.B. durch aufgebrachte Strichmarken, festlegen, sind nicht genügend genau.

3.44 Grundsätzliches über die verwendete Meßmethode

Die folgende Meßmethode versprach eine genügende Meßgenauigkeit:
Der Meßbolzen der zu untersuchenden Meßuhr stützt sich gegen einen Schlitten ab und wird durch die Bewegung dieses Schlittens verschoben. Das Erreichen derselben geometrischen Lage des Meßbolzens im Bestimmungspunkt der Umkehrspanne wird durch Messung der Schlittenstellung mit Interferenzen bestimmt. Für die Messungen konnte damit derselbe Versuchsaufbau verwendet werden wie für die Bestimmung der Anzeigefehler (siehe Abb. 51, Seite 77).

3.441 Meßunsicherheit

Die Meßunsicherheit wird durch folgende Größen bestimmt:

1. Durch die Genauigkeit, mit der die Schlittenstellung fixiert werden kann. Bei Einstellung der Interferenzstreifen im Okularfadenkreuz muß wie früher mit einer Einstellunsicherheit von 1/10 Streifenabstand, d.i. 0,03 µ gerechnet werden.

2. Durch die Nachgiebigkeit der Meßuhreinspannung, die die Meßergebnisse entsprechend der Größe der Meßkraftspanne beeinflußt. Diese Nachgiebigkeit wurde gemessen und betrug für die Mikrokator-Spannvorrichtung B = $1,8 \cdot 10^{-5} \frac{\mu}{p}$, für die Meßuhreinspannung $1,1 \cdot 10^{-4} \frac{\mu}{p}$. Diese Werte sind so klein, daß mit den bekannten Meßkraftspannen keine ins Gewicht fallende Beeinflussung der Meßergebnisse eintritt.

3. Durch die HERTZsche Abplattung in der Berührungsfläche zwischen Meßbolzen und Meßblock. Diese Abplattung errechnet sich bei Berührung zwischen einem kugeligen Meßhütchen und einer ebenen Fläche aus Stahl zu

$$\Delta = 1{,}67 \sqrt[3]{\frac{P^2}{r}} \; [\mu]$$

mit Δ = Abstandsverringerung in µ
P = Anpreßkraft (Meßkraftspanne) in kp
r = Radius der gekrümmten Fläche in mm.

Bei dem allgemein verwendeten Meßhütchen mit 2 mm Durchmesser führt eine bei der Umkehrspannen-Bestimmung wirksame Meßkraftspanne von 30 p zu einer Fehlmessung von 0,16 µ, eine Meßkraftspanne von 100 p zu einer scheinbaren Vergrößerung der Umkehrspanne von 0,30 µ.

Da die Werte der Meßkraftspannen bei den untersuchten Meßuhren und Feinzeigern bekannt waren, konnten die zugehörigen Δ-Werte bestimmt und bei der Auswertung der Meßergebnisse berücksichtigt werden.

3.45 Messung der Umkehrspanne eines Mikrokators

Bei der Messung wird folgendermaßen vorgegangen (vgl. Abb. 51, Seite 77): Der Schlitten wird so eingestellt, daß der Zeiger des Mikrokators z.B. von Minuswerten her einen bestimmten Anzeigewert erreicht. Dann wird durch Verschieben des Vergleichsspiegels am Interferenzmikroskop eine Interferenzlinie mit dem Okularfadenkreuz zur Deckung gebracht. Nun wird der Schlitten weiter verschoben, so daß der Zeiger des Mikrokators im alten Richtungssinn weiterwandert. Währenddessen werden die durchlaufenden Interferenzlinien gezählt. Nach Durchlaufen einer bestimmten Zahl von Streifen - meist 30 - wird die Bewegungsrichtung umgekehrt und nach Abzählen der gleichen Zahl von Interferenzstreifen, d.h. nach Erreichen der ursprünglichen Schlittenstellung wird wiederum die Zeigerstellung abgelesen. Die Differenz zwischen dem ersten und dem letzten Anzeigewert ist die Umkehrspanne. Aus denselben Gründen wie bei der Bestimmung der Anzeigefehler wurde die Skala des Mikrokators auch hier mit einem Mikroskop abgelesen.

Durch Verwendung eines geeigneten Okularmikrometers war hierbei sogar die Ablesung der Zeigerstellung auf 1/20 Skalenteil möglich.

3.451 Meßergebnisse

Als Beispiel ist im folgenden ein Ausschnitt aus einer Meßreihe zur Ermittlung der Umkehrspanne eines Mikrokators mit 0,2 μ Skalenwert wiedergegeben:

Zeigerbewegung von der "Plusseite"		Zeigerbewegung von der "Minusseite"	
Lfd. Nr.	Anzeige [μ]	Lfd. Nr.	Anzeige [μ]
1	+ 2,03	2	+ 2,02
3	+ 2,02	4	+ 2,03
5	+ 2,02	6	+ 2,00
7	+ 2,03	8	+ 2,00
9	+ 2,00	10	+ 2,02

Aus dieser und weiteren Meßreihen ergab sich als Mittelwert der Umkehrspanne 0,015 μ. Dieser Wert überschreitet allerdings noch nicht die Grenze der Meßunsicherheit, die aus den oben genannten Gründen hier mit 0,04 μ angenommen werden muß. Es kann somit nur gesagt werden, daß der 0,2 μ-Mikrokator eine Umkehrspanne besitzt, die 0,04 μ nicht überschreitet. Dasselbe Ergebnis wurde auch an anderen Stellen der Skala erzielt.

Messungen, die an einem Mikrokator mit 0,5 μ Skalenwert durchgeführt wurden, ergaben als Mittelwert der Umkehrspanne 0,017 μ.

Es kann daher mit für praktische Bedürfnisse ausreichender Sicherheit gesagt werden, daß die Umkehrspanne des Mikrokators den Wert 0 hat.

3.46 Messung der Umkehrspanne von Meßuhren und Feinzeigern

Erste Messungen an Meßuhren ergaben, daß hier Umkehrspannen-Werte von 0,5 bis 1 µ erreicht werden. Dieses Ergebnis und die Erkenntnis, daß der Mikrokator umkehrspannenfrei ist, führten dazu, daß die empfindliche und nicht einfach zu handhabende Interferenz-Einrichtung durch den geprüften 0,2 µ -Mikrokator ersetzt wurde.

Die Meßeinrichtung glich völlig der in Abbildung 53 dargestellten. Die Messung geschieht in entsprechender Weise: Der Schlitten wird so eingestellt, daß die zu prüfende Meßuhr beispielsweise von Minuswerten her einen bestimmten Anzeigewert erreicht. Dann wird der Mikrokator in seiner Einspannung so verschoben, daß seine Anzeige 0 µ beträgt. Der Schlitten wird nun im alten Richtungssinn um ca. 20 bis 30 µ weiterverschoben. Dann wird zurückgefahren bis die Anzeige am Mikrokator wieder 0 ist. Der zugehörige Anzeigewert wird an der Meßuhr abgelesen. Die Differenz der beiden Anzeigewerte ergibt nach entsprechender Korrektion (s.S. 88) die Umkehrspanne.

3.461 Meßergebnisse

Bei den Untersuchungen erhebt sich zunächst die Frage, bei welcher Meßbolzenverschiebung die Umkehrspanne voll in Erscheinung tritt. Dies wurde vor jeder Untersuchung dadurch geklärt, daß die Umkehrspanne bis hinunter zu kleinsten Meßbolzenwegen ermittelt wurde.

Die Durchführung dieser Messungen sei an einem Beispiel erklärt: Zunächst wird - von hohen Plus-Werten herkommend - der Schlitten so weit verschoben, bis der Mikrokator -10 µ anzeigt. Dann wird die Bewegungsrichtung des Schlittens umgekehrt, bis die Anzeige am Mikrokator 0 beträgt. Der zugehörige Anzeigewert an der Meßuhr wird abgelesen. Sodann wird der Schlitten im gleichen Richtungssinn weiterbewegt, bis der Mikrokator +10 µ anzeigt, die Bewegungsrichtung erneut umkehrt und bei der Mikrokator-Anzeige 0 die Meßuhr abgelesen. Die bei diesen zwei Ablesungen ermittelte Umkehrspanne ist einer Meßbolzenverschiebung von 20 µ zugeordnet. Die Messung wird in der gleichen Weise weitergeführt, wobei die Bewegungsumkehr bei kleineren Anzeigewerten des Mikrokators, z.B. bei -7,5 und +7,5 erfolgt. Die hierbei ermittelte Umkehrspanne entspricht dann einer Meßbolzenverschiebung von 15 µ u.s.f.

Den typischen Verlauf der Umkehrspanne bei kleinen Meßbolzenwegen zeigt für einen Feinzeiger der Type C die Abbildung 59, der zu entnehmen ist, daß bei einem Meßbolzen-Gesamtweg von 15 µ die volle Umkehrspanne ermittelt wird.

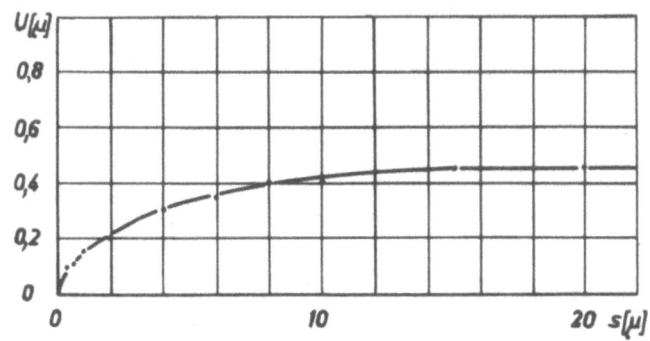

Abbildung 59
Verlauf der Umkehrspanne bei kleinen
Meßbolzenverschiebungen

Die Bestimmung der Umkehrspanne an verschiedenen Stellen des Anzeigebereiches von Meßuhren und Feinzeigern zeigte - im Gegensatz zu den beim Mikrokator erzielten Ergebnissen -, daß hier unterschiedliche Werte der Umkehrspanne auftreten.

Dies zwang dazu, daß die Umkehrspanne verschiedener Meßuhren und Feinzeiger über größere Bereiche (meist 100 µ) von µ zu µ bestimmt wurde. Die Messungen erfolgten mit der oben angeführten Meßeinrichtung.

Das Ergebnis einer solchen Messung zeigt Abbildung 60.

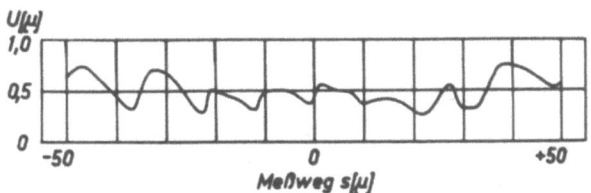

Abbildung 60
Umkehrspanne eines Feinzeigers

Die Größe der inneren Umkehrspanne ist danach längs des Meßweges periodischen Schwankungen unterworfen, die - wie ein Vergleich mit der Meßkraftkurve Abbildung 61 zeigt - den periodischen Kraftschwankungen entsprechen.

Dabei ist den Kraftmaxima auch eine Vergrößerung der Werte der Umkehrspanne zugeordnet. Dies zeigt ein weiteres Beispiel in Abbildung 62.

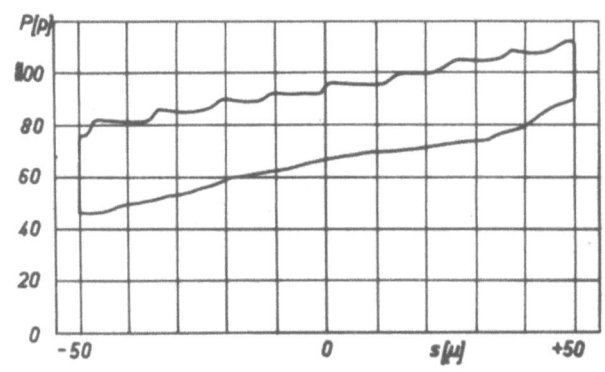

Abbildung 61
Meßkraftkurve des Feinzeigers Type C

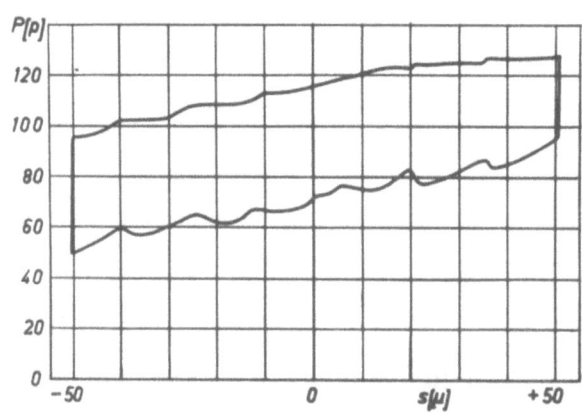

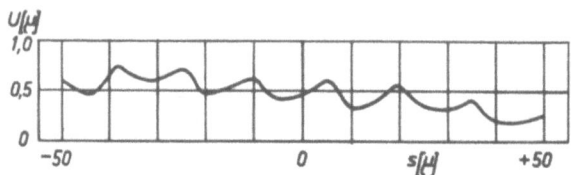

Abbildung 62
Zusammenhang zwischen Meßkraft und Umkehrspanne

Diese Ergebnisse stehen in Übereinstimmung mit der auf Seite 85 gegebenen Erklärung, wonach eine der Ursachen der Umkehrspanne die Nachgiebigkeit des Getriebes ist. Die Kräfte, die im Verein mit der Nachgiebigkeit zu Wegfehlern führen, sind hierbei die Meßkraftspanne, die bei Wechsel der Bewegungsrichtung eine Änderung der Getriebevorspannung hervorruft, und die periodischen Kraftschwankungen des Zahneingriffs.

Seite 92

Um diese Zusammenhänge zu überprüfen, wurden an einer Reihe von Meßuhren und Feinzeigern vergleichende Untersuchungen der Umkehrspanne und der Meßkraftspanne durchgeführt. Die Umkehrspanne wurde an jeweils 3 Stellen des Meßbereiches - im ersten, zweiten und dritten Viertel des Meßbereiches - über einen Bereich von je 10 µ gemessen. An den entsprechenden Stellen wurde aus der Meßkraftkurve die Meßkraftspanne entnommen.

Gemittelte Meßwerte sind in Abbildung 63 einander gegenübergestellt.

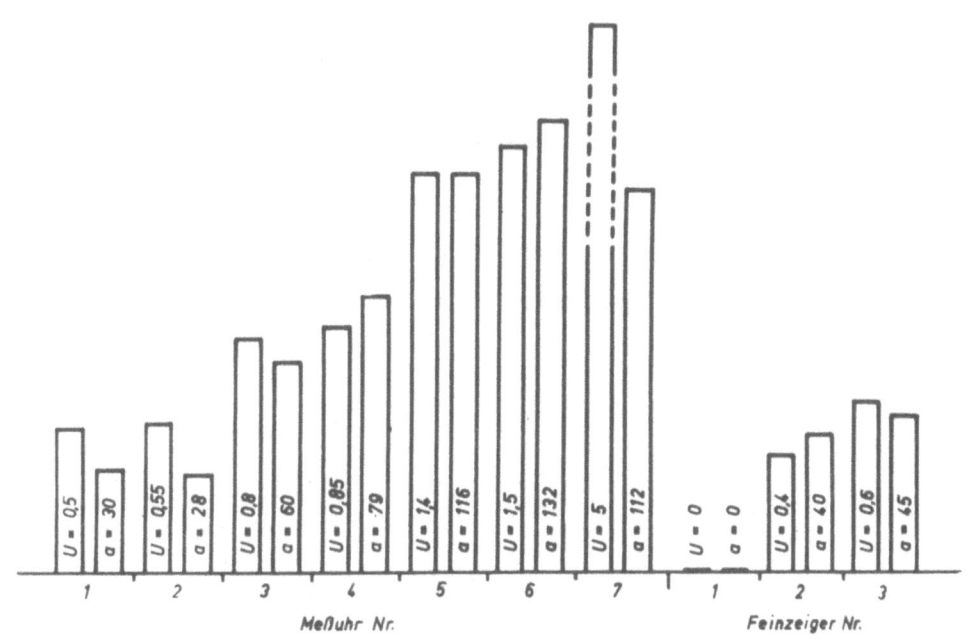

A b b i l d u n g   63
Zusammenhang zwischen Meßkraftspanne und Umkehrspanne

Bei den Meßuhren handelt es sich um Uhren der Type A (4,7), der Type B (1,2,3) und um zwei weitere Fabrikate (5,6), bei den Feinzeigern um die Type C (3), um einen ähnlich aufgebauten Feinzeiger anderen Fabrikates (2), und um die Type D (1).

Wie der Vergleich der Meßergebnisse zeigt, ergibt sich im allgemeinen (mit Ausnahme der Meßuhr No. 7) ein recht gleichsinniger Verlauf der Beträge von Umkehrspanne und Meßkraftspanne. Dies kann als Bestätigung dafür gelten, daß tatsächlich - wenigstens quantitative - Zusammenhänge zwischen den im Getriebe wirkenden Kräften und der Größe der Umkehrspanne bestehen. Eines der in die Abbildung aufgenommenen Meßergebnisse ergibt allerdings keine Übereinstimmung.

Dies zeigt, daß hier eine andere Ursache von größerem Einfluß ist. Zu diesem Verdacht führt zunächst auch der Umstand, daß die aus der Reihe fallende Meßuhr schon Dauerbeanspruchungen hinter sich hatte.

Es wurde oben schon erwähnt, daß eine weitere Ursache für die Umkehrspanne das Spiel in den Lagerungen der Getriebewellen ist. Bei einzelnen Meßuhren wurde nach Dauerversuchen festgestellt, daß Achslager tatsächlich starke Maßänderungen erfahren hatten.

Eine Möglichkeit, diese Einflüsse wenigstens qualitativ zu erfassen, ergibt sich aus der Messung des Verlaufs der Umkehrspanne bei kleinen Meßbolzenwegen. Falls nämlich im Getriebe großes Spiel vorliegt, muß die Umkehrspanne auch bei größeren Meßbolzenwegen noch ansteigen, da ein Kräftegleichgewicht in den Lagern erst bei größeren Achsverlagerungen eintritt.

Dies wurde durch Meßergebnisse bestätigt. Abbildung 64 zeigt als Beispiel den Verlauf der Umkehrspanne über dem Meßbolzenweg für die Meßuhr No. 7.

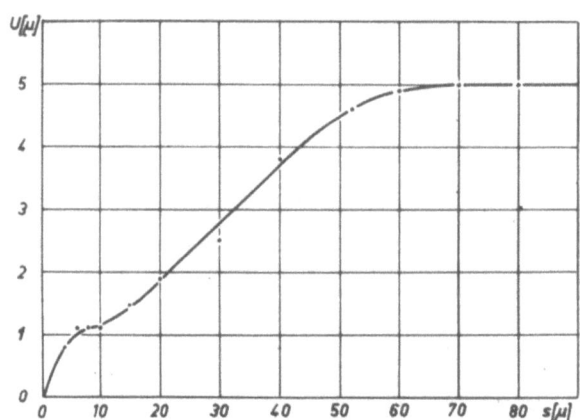

A b b i l d u n g   64
Verlauf der Umkehrspanne bei kleinen
Meßbolzenverschiebungen

Er wurde in der auf Seite 90 besprochenen Weise gemessen. Hier erstreckt sich der Anstieg der Umkehrspanne tatsächlich über einen weitaus größeren Meßbolzenweg als bei den fabrikneuen Meßuhren und Feinzeigern.

Eine strenge Trennung der beiden Einflüsse, die zum Auftreten der Umkehrspanne führen, und damit eine quantitative Erfassung der Zusammenhänge gelingt nicht. Hierzu wäre vor allem eine umständliche Messung der Spiele in allen Lagern und eine genaue Bestimmung der räumlichen Verteilung und Größe der Kräfte im gesamten Getriebezug nötig. Gerade die letzte Messung erscheint aber fast aussichtslos, da sich die Richtung und die Beträge der Kräfte während der Bewegung des Getriebes ständig ändern.

3.47 Zusammenfassung der Ergebnisse der Umkehrspannen-Messungen

Die Umkehrspanne von Meßuhren und Feinzeigern ist in einer vom DIN-Blatt 878/2 abweichenden Weise zu definieren.

Definiert man sie als Fehler der Wegzuordnung zwischen Getriebeeingang und Getriebeausgang, der bei Bewegungsumkehr irgendwelcher Getriebeteile auftritt, so ergibt sich, daß die Umkehrspanne sich aus zwei Teilen zusammensetzt, deren einer auf die fedrigen Eigenschaften des Getriebes zurückgeht, während der andere auf Spiele im Getriebe zurückzuführen ist.

Bei Umkehr der Drehrichtung wird das Getriebe durch innere Kräfte beansprucht, die sich um den Betrag der Meßkraftspanne und die in beiden Bewegungsrichtungen unterschiedlichen Kraftschwankungen unterscheiden. Das Spiel der Lagerzapfen führt unter dem Einfluß der Reibung und der sich ändernden Kraftresultierenden zu Rollbewegungen der Wellen in den Lagern, die als Wegfehler in Erscheinung treten.

Beide Einflüsse sind qualitativ zu trennen und werden durch Meßergebnisse bestätigt. Quantitative Messungen sind dagegen nicht möglich. Dies liegt vor allem daran, daß eine exakte Bestimmung der Spiele und der Kräfte-Geometrie wesentlich schwieriger ist als eine exakte Bestimmung der Kräfte selbst.

Dauerbeanspruchungen von Meßuhren, die zum Auslaufen von Lagern führen, haben nach dem oben Gesagten auch eine Vergrößerung der Umkehrspanne zur Folge. Dies konnte durch Versuche nachgewiesen werden.

3.5 Die Streuung

3.51 Definition

Bei wiederholter Messung desselben Maßes mit einer Meßuhr ergeben sich im allgemeinen geringe Unterschiede in der Anzeige der Meßwerte. Sie rühren zum Teil vom Meßgerät selbst, zum Teil von den Umweltbedingungen der Lage des Prüflings, der Temperatur usw. her. Die Ursachen der zufälligen Fehler, die im Meßgerät liegen, sind vor allem geringfügige

Verlagerungen von Wellen, unterschiedliche Flankenanlage der Getriebezahnräder, nicht zuletzt die zeitlich und örtlich veränderliche Reibung der bewegten Teile des Meßwerkes.

Die Größe der Anzeige-Unterschiede wird nach DIN 1319 durch den Begriff "Streuung" angegeben. Dabei kennzeichnet die Streuung σ das quadratische Mittel der Einzelabweichungen vom Durchschnitt D. Sie berechnet sich aus

$$\sigma = \pm \sqrt{\frac{\Sigma \delta_i^2}{n}} \; .$$

Hier bedeutet n die Zahl der Einzelwerte A_i und $\delta_i = A_i - D$ die Abweichung der Einzelwerte vom Durchschnitt.

3.52 Messung der Streuung

Zur Messung der Streuung ist in DIN-Blatt 878/2 festgesetzt, daß σ aus mindestens 10 aufeinanderfolgenden Einzelmessungen derselben Meßgröße bei gleichem Bewegungssinn des Meßbolzens an beliebiger Stelle des Anzeigebereiches ermittelt werden soll.

3.53 Durchführung der Messungen und Meßergebnisse

Bei den Versuchen wurden die Meßuhren bzw. Feinzeiger in ein gedrungenes und daher recht steifes Meßstativ mit einer geläppten Meßauflage eingespannt. Die Dicke eines Endmaßes mit tadelloser Oberfläche wurde wiederholt gemessen. Im allgemeinen wurden Meßreihen mit 30 Einzelmessungen durchgeführt.

Das Protokoll einer solchen Messung ist nachstehend wiedergegeben:

Bestimmung der Streuung

Meßobjekt: Meßuhr, Skalenwert 1 μ, Fabrikations-No. 116 910

Meßanordnung: Säulenstativ (30 mm Durchmesser) mit geläppter Meßauflage

Datum: 28.4.1958   Meßstelle: 0,25 mm

Gemessen durch: L (s. Seite 97).

$\sigma = \pm 0,51\ \mu$

Bei Messungen an 10 Meßuhren bzw. Feinzeigern ergaben sich σ-Werte zwischen $\pm 0,05\ \mu$ und $\pm 0,73\ \mu$.

Die Meßergebnisse sollen nun nicht isoliert dargestellt, sondern in die folgenden Zusammenhänge eingeordnet werden:

Lfd. Nr.	Ablesewert	δ	Lfd. Nr.	Ablesewert	δ
1	41,2	0,13	16	41,5	0,17
2	41,3	0,03	17	41,6	0,27
3	42,1	0,77	18	41,7	0,37
4	40,9	0,43	19	41,5	0,17
5	41,2	0,13	20	41,7	0,37
6	41,0	0,33	21	42,0	0,67
7	42,0	0,67	22	41,5	0,17
8	41,5	0,17	23	41,0	0,33
9	41,0	0,33	24	40,0	1,33
10	40,9	0,43	25	41,0	0,33
11	41,5	0,17	26	41,6	0,27
12	41,8	0,47	27	41,8	0,47
13	41,5	0,17	28	40,0	1,33
14	41,0	0,33	29	41,0	0,33
15	42,1	0,77	30	41,0	0,33

Mittelwert: 1239,9 : 30 = 41,33

Es wurde schon darauf hingewiesen, daß die Streuung der Meßwerte vor allem durch Achsverlagerungen, unterschiedliche Eingriffsverhältnisse und Reibungskräfte verursacht wird. Aus der Analyse der Meßkraftkurven geht hervor, daß die Meßkraftschwankungen, die durch Zahnräder, Lagefehler usw. verursacht sind, gegenüber den durch die Reibungsverhältnisse des Meßbolzens und des gesamten Getriebes verursachten Meßkraftspannen meist in den Hintergrund treten. Bei mehrmaliger Aufnahme einer Meßkraftkurve, die der Wiederholung einer Einzelmessung entspricht, zeigt sich außerdem, daß die Meßkräfte nur in der Größenordnung weniger Pond streuen. Diese Streuungen treten gegenüber den im allgemeinen viel größeren Meßkraftspannen völlig zurück.

Es besteht daher der Verdacht, daß auch bei der Streuung der Meßwerte eine der Hauptursachen, soweit das Meßgerät dafür verantwortlich gemacht werden kann, in der Meßkraftspanne liegt. Sie führt, wie schon mehrfach erwähnt, im Meßfühler zu verschiedener Getriebevorspannung, und zu verschiedenen Anpreßkräften des Meßbolzens am Meßobjekt. Daher verursacht sie auch im Meßaufbau unterschiedliche Deformationen.

Eine Bestärkung dieses Verdachtes liefert die in Abbildung 65 gebrachte
Darstellung der Versuchsergebnisse. Hier ist der Streuung verschiedener
Meßuhren und Feinzeiger die ermittelte Meßkraftspanne gegenübergestellt.
Es zeigt sich im Ganzen eine sehr gleichsinnige Tendenz der beiden Werte
Meßkraftspanne und Streuung.

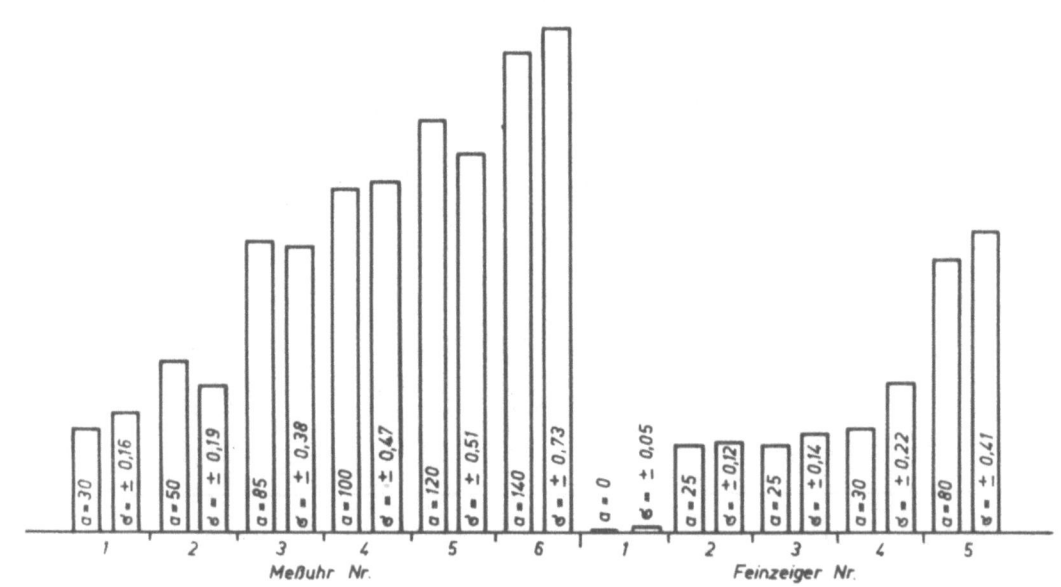

Abbildung 65

Zusammenhang zwischen Meßkraftspanne und Streuung

Für die Erklärung dieses Verhaltens sind Ergebnisse von Bedeutung, die
in Abschnitt 3.284 "Gültigkeit der Meßkraftkurve im kleinen Bereich"
gebracht wurden. Dort hat es sich gezeigt, daß die Meßkraftkurve auch
bei kleinsten Meßbolzenverschiebungen noch weitgehend ausgefahren wird.
Dabei treten bei schlechteren Meßuhren immer noch Meßkraftunterschiede
von 100 p auf! Es läßt sich nun auch bei sorgfältigem Messen nicht vermeiden, daß der Meßbolzen - mikroskopisch gesehen - in beiden Meßrichtungen auf dem Meßobjekt aufsitzt, da ja schon ein geringes Rückfedern
des Stativs bedingt, daß die Meßrichtung umgekehrt wird. Damit ergeben
sich aber im Getriebezug der Meßuhr gänzlich verschiedene Anlage-, Vor-
spannungs- und Wälzverhältnisse, die zu unterschiedlicher Anzeige führen.

3.54 Zusammenfassung der Streuungs-Messungen

Die Messung der Streuung an einer Reihe von Meßuhren und Feinzeigern
ergab σ-Werte zwischen $\pm 0,05$ und $\pm 0,73\,\mu$. Die durchgeführten Versuche
zeigten, daß Zusammenhänge zwischen Streuung und der Meßkraftspanne einer
Meßuhr bestehen.

An diese Ergebnisse sei noch eine allgemeine Bemerkung angefügt:
Wie bei keiner anderen Bestimmungsgröße einer Meßuhr geht bei der Ermittlung der Streuung die Art der Messung und der verwendete Versuchsaufbau wesentlich in das Versuchsergebnis ein. Dies zeigt sich besonders deutlich, wenn bei der Messung der Streuung verschieden steife Stative verwendet werden. Es zeigen sich dann auch bei derselben Meßuhr sehr unterschiedliche Meßergebnisse.

Es erheben sich daher große Zweifel, ob es überhaupt zweckmäßig und sinnvoll ist, die Streuung als kennzeichnende Eigenschaft einer Meßuhr aufzufassen, da sie eine höchstens in Vergleichversuchen bestimmbare, d.h. ihrem Wesen nach keine absolute Größe ist, deren Bestimmungsmethode zudem nur unzureichend festgelegt werden kann. Dabei ist außerdem fraglich, ob die versuchsmäßig bestimmten Streuungen den im praktischen Betrieb auftretenden überhaupt entsprechen, da hierbei von großer Bedeutung ist, in welcher Weise und mit welcher Geschwindigkeit der Meßbolzen auf das Meßobjekt aufgesetzt wird, ob das Meßobjekt sich bewegt oder nicht usw.

3.6 Anhang: Beeinflussung der Meßergebnisse durch die Nachgiebigkeit einzelner Teile des Meßaufbaues

Bei Messungen mit Meßuhren und Feinzeigern treten sowohl konstante wie auch mit Änderungen des Meßwertes verbundene inkonstante Meßkräfte auf. Beide führen durch die Nachgiebigkeit der Meßobjekte und Meßanordnungen zu Verfälschungen der Meßergebnisse.

Auf die Ursache der Kräfte wurde in Abschnitt 3.2 ausführlich eingegangen, ihre Auswirkungen sollen hier kurz besprochen werden.

Der Einfluß der Meßkraft hat drei Folgen:

1. Bei gleichmäßig über dem Querschnitt verteilter Kraft bedingt die HOOKEsche Zusammendrückung eine Verformung des Meßbolzens und des Meßobjekts.

2. Bei Messungen auf gekrümmten Flächen treten unter dem Einfluß von Meßkräften HERTZsche Pressungen auf.

3. Meßstative erfahren unter dem Einfluß der Meßkraft Durchbiegungen.

1. Die HOOKEsche Stauchung

Das HOOKsche Gesetz sagt aus, daß ein Prüfling mit der Länge L, der Fläche F und dem Elastizitäts-Modul E bei Belastung durch die Last P eine Längenänderung erfährt, die durch die folgende Gleichung gegeben ist:

$$\Delta L = \frac{L \cdot P}{F \cdot E}$$

Bei einem Prüfstück aus Stahl mit einer Länge von 100 mm und einem Durchmesser von 6 mm ergibt sich ein Wert von

$$\Delta L = 0,17 \ \mu/kp,$$

während der Meßbolzen einer Meßuhr (Durchmesser 4 mm) eine Längenänderung von 0,22 μ/kp erfährt. Bei den vorkommenden Meßkräften von maximal 250 p kann man diesen Meßfehler im allgemeinen vernachlässigen.

2. Die HERTZsche Pressung

Für die Berührung zwischen Kugel und ebener Fläche, die hier vor allem interessiert, berechnet sich die HERTZsche Abplattung, d.i. die Annäherung der deformierten Körper aus:

$$\Delta = \sqrt[3]{2,25 \cdot (1-\nu^2)^2 \cdot \frac{P^2}{E^2 \cdot r}} \ [mm]$$

wobei ν die Querkontraktion [-]
P die belastende Kraft [kp]
E der Elastizitätsmodul $\left[\frac{kp}{mm^2}\right]$
r der Radius der berührenden Kugel [mm] ist.

Für Stahl wird die Gleichung zu

$$\Delta = 1,67 \cdot \sqrt[3]{\frac{P^2}{r}} \ [\mu].$$

Bei Messungen mit einem kugeligen Meßhütchen von 2 mm Durchmesser ergeben sich folgende Werte:

Δ [μ]	P [kp]
0,16	0,030
0,36	0,100
0,57	0,200

Dies bedeutet, daß bei allen untersuchten Meßuhren und bei einem Großteil der untersuchten Feinzeiger die Meßergebnisse allein durch die Meßkraftspanne erkennbar verfälscht werden. Bei Benutzung von Meßhütchen mit 4 mm Durchmesser verringern sich diese Werte nur um einen Faktor 0,8, so daß auch hier keine wesentlich besseren Ergebnisse erzielt werden. Dieselbe Beeinflussung der Meßergebnisse durch Deformationen des Meßobjekts tritt auch durch die kurzperiodischen Störungen ein, die auf Meßwegen von 20 μ Kraftschwankungen bis zu 50 p bedingen. Auch hier ergeben sich Verfälschungen der Meßergebnisse bis zu 0,2 μ .

3. Verformungen der Meßanordnung

Noch wesentlich stärkere Verfälschungen der Meßergebnisse treten aber durch die Nachgiebigkeiten des Meßaufbaus und besonders der Meßstative ein. Für ein übliches Werkstatt-Stativ mit Rundsäule errechnet sich die Nachgiebigkeit an der Spannstelle der Meßuhr zu

$$\frac{B}{P} = \frac{A^2}{E}\left(\frac{H}{J_H} + \frac{1}{3} \cdot \frac{A}{J_A}\right)\left[\frac{\mu}{kp}\right]$$

wobei P die belastende Kraft   [kp]
       A die wirksame Länge des Auslegers [mm]
       H die wirksame Höhe der Säule   [mm]
       J_A und J_H die Trägheitsmomente der Querschnitte [mm^4]
       E der Elastizitätsmodul [kp/mm^2] ist.

Für ein heute gebräuchliches Säulenstativ mit Magnetfuß ergibt sich aus der Rechnung bei einer Säulenhöhe von 150 mm und einer Ausladung von 180 mm z.B. eine Nachgiebigkeit von 0,1 μ /p, d.h. eine Durchbiegung von 10 μ bei einer Kraft von 100 p !

Abbildung 66 zeigt, daß die Nachgiebigkeit in der Praxis sogar wesentlich größere Werte erreicht. Dabei ist in dem angeführten Fall vor allem die Feineinstell-Vorrichtung am Ende des Auslegers von Einfluß, die allein eine Nachgiebigkeit von 5 μ/100 p besitzt.

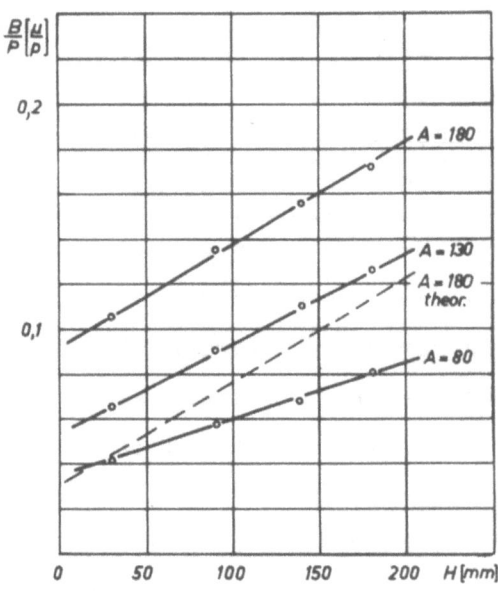

Abbildung 66

Nachgiebigkeit eines Meßstativs neuer Bauweise

Abbildung 67 zeigt entsprechende Versuchsergebnisse für ein älteres Säulenstativ mit prismatischem Fuß.

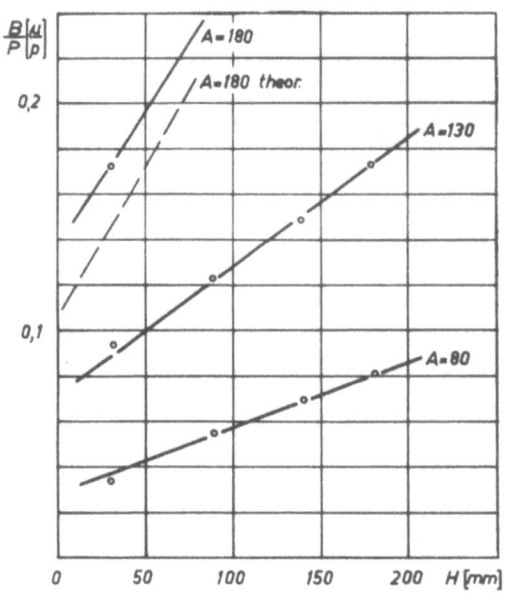

Abbildung 67

Nachgiebigkeit eines alten Meßstativs

Aus den dargestellten Kurven ist ohne weiteres ersichtlich, daß eine Meßkraftspanne von 50 p je nach Meßstellung bei einem Magnetständer zu Durchbiegungen von 2 bis 10 μ, bei einem anderen Ständer mit dünnerer

Säule zu Durchbiegungen bis zu 15 µ führen kann. Diese Meßkraftspannen werden auf jeden Fall wirksam, wenn Rundlaufmessungen durchgeführt werden, da hierbei die Meßkraftspanne voll umfahren wird. Aber auch bei Messungen mit vorzugsweise einer Meßrichtung treten ähnliche Verhältnisse auf. Zur Erklärung sei nur auf das Ergebnis hingewiesen, daß die Meßkraftspanne auch im kleinsten Bereich ganz ausgefahren wird.

Dies ist allerdings sicher auf der anderen Seite auch der Grund dafür, daß Rundlaufmessungen mit Meßuhren und Magnetständern überhaupt möglich sind. Durch die unvermeidlichen Erschütterungen beim Messen pendelt nämlich die Meßkraft ständig zwischen ihren Extremlagen, so daß der Einfluß der Durchbiegungen durch ständige Mittelbildung verringert wird.

3.7 Zusammenfassung

Im Rahmen eines Forschungsauftrages, der dem Institut für Werkzeugmaschinen der Technischen Hochschule München vom Wirtschaftsministerium des Landes Nordrhein-Westfalen erteilt wurde, wurden die kennzeichnenden Eigenschaften von Meßgeräten für Längenmessungen untersucht.

Der vorliegende Bericht umfaßt die Ergebnisse von Untersuchungen, bei denen die Eigenschaften von Meßgeräten geprüft wurden, die nur aus Übersetzungsgliedern bestehen. Außerdem sind hier nur Ergebnisse statischer Versuche wiedergegeben. Untersuchungsergebnisse, die das dynamische Verhalten dieser und anderer, auch Wandler und Verstärker enthaltender Systeme schildern, werden zu gegebener Zeit in einem Fortsetzungsbericht mitgeteilt.

Die Untersuchungen umfaßten nur Geräte mit Skalenwerten von 1/1000 mm. Für diese Geräte existiert heute noch kein DIN-Blatt. Man ist daher gezwungen, für die Festlegung der kennzeichnenden Eigenschaften auf die DIN-Blätter 878/1 und 878/2 zurückzugreifen, die allerdings nur für Meßuhren mit 1/100 mm Skalenwert gültig sind. Danach sind für die Richtigkeit der Messung folgende Größen eines Meßgerätes maßgebend:

Anzeigefehler, Streuung, Umkehrspanne, Meßkraft.

Die Untersuchungen, zu deren Durchführung großenteils neue Meßmethoden entwickelt wurden, hatten das Ergebnis, daß der Meßkraft und ihrem Verlauf über den Meßbereich eine weitaus größere Bedeutung zukommt, als bisher bekannt war. Daher nehmen auch die diesbezüglichen Ergebnisse einen breiten Raum ein. Es gelang, die Ursachen für den Meßkraftverlauf eindeutig bestimmten Bauteilen der Meßuhren und Feinzeiger zuzuordnen, so daß damit Hinweise für Verbesserungen möglich sind. Die Erfolge einer solchen Verbesserung sind an einem Beispiel ausführlich gezeigt. Im Rahmen der vorliegenden Untersuchungen mußte allerdings die Frage offenbleiben, ob nicht eine grundsätzliche Verbesserung des Meßkraftverlaufs erst durch Verwendung der Evolventenverzahnung an Stelle der bisher üblichen Zykloiden-Zahnräder möglich ist. In diesem Zusammenhang sei auf Versuche hingewiesen, auch im Uhrenbau Evolventenräder einzuführen, da sie durch geringere Drehmomentschwankungen einen gleichmäßigeren Gang ermöglichen [9].

Eine kurze theoretische Betrachtung der "Meßuhr als abgeschlossenes System" läßt erwarten, daß sich Auswirkungen des Meßkraftverlaufes auch auf die weiteren kennzeichnenden Eigenschaften einer Meßuhr ergeben. Dies bestätigten die weiteren Versuchsergebnisse:

Für die Anzeigefehler sind außer Teilungsfehlern der Übersetzungsräder auch Drehmomentschwankungen verantwortlich, die durch den Zahneingriff hervorgerufen sind und sich über die Nachgiebigkeit des Getriebezuges als Wegfehler am Zeiger auswirken. Da die am Zeigerritzel auftretenden Eingriffskräfte bis zum Meßbolzen hin stark übersetzt werden und zudem die Nachgiebigkeit des gesamten Getriebezuges beanspruchen, treten sie in allen Fällen als Anzeigefehler deutlich in Erscheinung. Ihr Einfluß konnte qualitativ und quantitativ nachgewiesen werden.

Die Umkehrspanne mußte, um Mißverständnisse zu vermeiden, in einer vom DIN-Blatt 878/2 abweichenden Form definiert werden. Die Untersuchungen zeigten, daß die Größe der Umkehrspanne vor allem durch zwei Einflüsse bedingt ist, nämlich durch die Meßkraftspanne und durch Spiele im Übersetzungsgetriebe. Die Meßkraftspanne, die bei Änderungen der Bewegungsrichtung des Meßbolzens auch im kleinsten Bereich voll in Erscheinung tritt, führt wiederum durch die innere Nachgiebigkeit des Getriebes zu Wegfehlern. Ihnen sind Fehler überlagert, die durch das Spiel der Getriebewellen in ihren Lagern verursacht sind. Eine strenge Trennung und damit die quantitative Bestimmung beider Einflüsse gelingt mit vertretbarem Aufwand nicht. Sie scheint auch nicht sehr wichtig, da die Gegenüberstellung der Meßergebnisse von 10 Meßuhren und Feinzeigern deutlich macht, daß der Zusammenhang zwischen Meßkraftspanne und Umkehrspanne bei neuen Meßuhren gegenüber dem Einfluß von Spielen vorherrscht.

Auch für die Streuung scheinen ähnliche Zusammenhänge mit der Meßkraftspanne zu gelten. Dies kann in gewissen Grenzen erklärt werden. Doch führen gerade diese Meßergebnisse zu starken Zweifeln, ob die Streuung in der Form, in der sie im DIN-Blatt eingeführt ist, überhaupt eine sinnvolle kennzeichnende Eigenschaft darstellt.

Die Untersuchungen brachten als Ergebnis einen recht umfassenden Überblick über die Beträge der Meßkraft, der Anzeigefehler, der Umkehrspannen und Streuungen, die beim augenblicklichen Stand der Entwicklung bei Meßuhren und Feinzeigern erreicht werden. Sie zeigten darüber hinaus, daß bisher nicht bekannte Zusammenhänge zwischen den einzelnen charakteristischen Eigenschaften bestehen. Die Zuordnung der einzelnen Fehler zu den verursachenden Bauteilen gibt die Möglichkeit konstruktiver Weiterentwicklungen.

Es wäre zu hoffen, daß bei der noch ausstehenden Normung der Eigenschaften von 1/1000-Meßuhren und Feinzeigern diese Ergebnisse berücksichtigt werden.

Dem Wirtschaftsministerium des Landes Nordrhein-Westfalen sei an dieser Stelle für die Erteilung des Forschungsauftrages, den Meßgeräte-Herstellern für die Überlassung der Meßuhren und Feinzeiger zu Untersuchungszwecken gedankt.

München, den 23.10.1958   Dipl.-Phys. D. LÖBELL

Der Direktor des
Versuchsfeldes für Werkzeugmaschinen
der Technischen Hochschule München

Prof. Dr.-Ing. F. EISELE

Literaturverzeichnis

[1] KIENZLE — Monatsblätter des Berliner Bez.-Vereins Deutscher Jungingenieure, Heft (1920)

[2] BARZ — Die Meßeigenschaften der Meßuhr. Diss. Berlin 1938

[3] — s. Literaturverzeichnis der Diss. BARZ

[4] — s. Literaturverzeichnis der Diss. BARZ

[5] — Firmenprospekt der Fa. Metron, Stockholm

[6] — Firmenprospekt der Fa. C. Mahr, Esslingen/N.

[7] BAKER — Eine Untersuchung über die Genauigkeit von neuen und gebrauchten Meßuhren. Microtechnik, Heft 3, Band X, (1956)

[8] EHRENREICH — Ein Gerät zur Genauigkeitsprüfung von Meßuhren. Wird demnächst in "Werkzeugmaschinen-Praxis" veröffentlicht

[9] JOERG — Untersuchung der Brauchbarkeit von wälzgefräster Evolventenverzahnung für Uhrenzahnräder. Diss. Stuttgart 1958

[10] LEINWEBER — Taschenbuch der Längenmeßtechnik

FORSCHUNGSBERICHTE DES LANDES NORDRHEIN-WESTFALEN

Herausgegeben durch das Kultusministerium

PHYSIK

HEFT 10
Prof. Dr. W. Vogel, Köln
„Das Streifenpaar" als neues System zur mechanischen Vergrößerung kleiner Verschiebungen und seine technischen Anwendungsmöglichkeiten
1953, 20 Seiten, 6 Abb., DM 4,50

HEFT 62
Prof. Dr. W. Franz, Institut für theoretische Physik der Universität Münster
Berechnung des elektrischen Durchschlags durch feste und flüssige Isolatoren
1954, 36 Seiten, DM 7,—

HEFT 103
Prof. Dr. W. Weizel, Bonn
Durchführung von experimentellen Untersuchungen über den zeitlichen Ablauf von Funken in komprimierten Edelgasen sowie zu deren mathematischen Berechnung
1955, 32 Seiten, 12 Abb., DM 9,10

HEFT 104
Prof. Dr. W. Weizel, Bonn
Über den Einfluß der Elektroden auf die Eigenschaften von Cadmium-Sulfid-Widerstands-Photozellen
1955, 48 Seiten, 12 Abb., DM 9,45

HEFT 107
Prof. Dr. H. Lange und Dipl.-Phys. P. St. Pütter, Köln
Über die Konstruktion von Laboratoriumsmagneten
1955, 66 Seiten, 19 Abb., 1 Tabelle, DM 12,30

HEFT 122
Prof. Dr. W. Fuchs †, Aachen
Untersuchungen zur Verbesserung der Wasseraufbereitung und Wasseranalyse:
Über die Schnellbewertung von Ionenaustauschern
1955, 48 Seiten, 32 Abb., DM 12,30

HEFT 125
Prof. Dr. E. Kappler, Münster
Eine neue Methode zur Bestimmung von Kondensations-Koeffizienten von Wasser
1955, 46 Seiten, 11 Abb., 1 Tabelle, DM 9,10

HEFT 141
Dr. J. van Calker und Dr. R. Wienecke, Münster
Untersuchungen über den Einfluß dritter Analysenpartner auf die spektrochemische Analyse
1955, 42 Seiten, 15 Abb., DM 9,10

HEFT 145
Dr. G. Hennemann, Werdohl (Westf.)
Beitrag zur Interpretation der modernen Atomphysik
1955, 34 Seiten, DM 10,—

HEFT 148
Prof. Dr. H. Bittel und Dipl.-Phys. L. Storm, Münster
Untersuchungen über Widerstandsrauschen
1955, 40 Seiten, 5 Abb., DM 8,40

HEFT 157
Dr. W. Jawtusch, Dr. G. Schuster und Prof. Dr.-Ing. R. Jaeckel, Bonn
Untersuchungen über die Stoßvorgänge zwischen neutralen Atomen und Molekülen
1955, 48 Seiten, 15 Abb., 3 Tabellen, DM 10,50

HEFT 169
Forschungsinstitut für Pigmente und Lacke, Stuttgart
Arbeiten über die Bestimmung des Gebrauchswertes von Lackfilmen durch physikalische Prüfungen
1955, 70 Seiten, 23 Abb., 4 Tabellen, DM 15,—

HEFT 174
Prof. Dr. phil. C. v. Fragstein, Dr. J. Meingast und H. Hoch, Köln
Herstellung von Solen einheitlicher Teilchengröße und Ermittlung ihrer optischen Eigenschaften
1955, 78 Seiten, 80 Abb., 4 Tabellen, DM 18,25

HEFT 178
Prof. Dr. M. v. Stackelberg und Dr. W. Hans, Bonn
Untersuchungen zur Ausarbeitung und Verbesserung von polarographischen Analysenmethoden
1955, 46 Seiten, 14 Abb., DM 10,50

HEFT 187
Dipl.-Ing. F. Göttgens, Essen
Über die Eigenarten der Bimetall-, Thermo- und Flammenionisationssicherungsmethode in ihrer Anwendung auf Zündsicherungen
1955, 40 Seiten, 6 Abb., 4 Tabellen, DM 8,40

HEFT 189
Fa. E. Leybold's Nachfolger, Köln
I. Ausgewählte Kapitel aus der Vakuumtechnik
II. Zum Verlust anorganisch-nichtflüchtiger Substanzen während der Gefriertrocknung
1955, 52 Seiten, 16 Abb., 3 Tabellen, DM 11,20

HEFT 194
Dr. K. Hecht, Köln
Entwicklung neuartiger physikalischer Unterrichtsgeräte
1955, 42 Seiten, 16 Abb., DM 9,90

HEFT 209
Dr. K. Bunge, Leverkusen
Materialabbau in Funkenentladungen. Untersuchungen an Zinkkathoden
1956, 54 Seiten, 10 Abb., 5 Tabellen, DM 11,40

HEFT 210
Dr. W. Porschen und Prof. Dr. W. Riezler, Bonn
Langlebige Alphaaktivitäten bei natürlichen Elementen
1955, 40 Seiten, 5 Abb., 4 Tabellen, DM 8,80

HEFT 233
Dr. H. Haase, Hamburg
Infrarot-Bibliographie
1956, 90 Seiten, DM 17,80

HEFT 251
Prof. Dr. H. Bittel, Münster
Zur Statistik der ferromagnetischen Elementarvorgänge und ihren Einfluß auf das Barkhausenrauschen
1956, 52 Seiten, 14 Abb., DM 11,65

HEFT 259
Prof. Dr. W. Linke, Aachen
Strömungsvorgänge in künstlich belüfteten Räumen
1956, 52 Seiten, 37 Abb., 1 Tabelle, DM 11,80

HEFT 264
Prof. Dr. W. Weizel, Bonn
Durch schnelle Funkenzusammenbrüche ausgelöste Signale auf einer Leitung
1956, 26 Seiten, 4 Abb., 3 Tabellen, DM 6,10

HEFT 267
Prof. Dr. W. Weizel und B. Brandt, Bonn
Zur Stabilität stromstarker Glimmentladungen
1956, 36 Seiten, 7 Abb., DM 8,40

HEFT 299
Dr. J. Fassbender und W. Hoppe, Bonn
Eine photoelektrische Nachlaufeinrichtung für Analogie-Rechenmaschinen
1956, 20 Seiten, 8 Abb., DM 7,65

HEFT 326
Prof. Dr.-Ing. E. Essers, Dr.-Ing. J. Essers und Dipl.-Ing. J. Klein, Aachen
Deichselkräfte an Lastzügen
1957, 96 Seiten, 34 Abb., DM 22,10

HEFT 329
Dipl.-Ing. A. Krüger, Karlsruhe und Feuerwehr-Ing. R. Radusch, Dortmund
Wasserzerstäubung im Strahlrohr
1956, 78 Seiten, 21 Abb., 3 Tabellen, DM 18,65

HEFT 330
Dr.-Ing. E. Pepping, Aachen
Die Durchflußzahl des Rechteckschlitzes in einer sehr großen Wand
1957, 54 Seiten, 21 Abb., DM 12,35

HEFT 332
Prof. Dr.-Ing. R. Jaeckel und Dr. G. Reich, Bonn
Messung von Dampfdrucken im Gebiet unter 10^{-2} Torr
1956, 34 Seiten, 16 Abb., 2 Tabellen, DM 10,40

HEFT 334
Prof. Dr. W. Weizel und Dr. G. Meister, Bonn
Spektralanalyse durch Messung des Interferenz-Kontrastes
1956, 42 Seiten, 8 Abb., DM 9,30

HEFT 335
Prof. Dr. W. Weizel und H. Hornberg, Bonn
Untersuchungen der anodischen Teile einer Glimmentladung
1957, 50 Seiten, 19 Farbabb., 21 Abb., 1 Tab., DM 32,80

HEFT 341
Prof. Dr.-Ing. H. Winterhager und Dipl.-Ing. L. Werner, Aachen
Präzisions-Meßverfahren zur Bestimmung des elektrischen Leitvermögens geschmolzener Salze
1956, 44 Seiten, 19 Abb., 1 Tabelle, DM 10,60

HEFT 344
Prof. Dr.-Ing. W. Fucks, Aachen
Zur Deutung einfachster mathematischer Sprachcharakteristiken
1956, 38 Seiten, 12 Abb., DM 7,80

HEFT 356
Dipl.-Phys. G. Gurke, Aachen
Aufbau einer Meßanlage für Untersuchungen elektrischer Gasentladung im Bereiche großer p. d.-Werte
1956, 38 Seiten, 13 Abb., 1 Tabelle, DM 8,65

HEFT 357
Prof. Dr.-Ing. W. Fucks, Aachen
Mathematische Analyse der Formalstruktur von Musik
1958, 54 Seiten, 29 Abb., 16 Tabellen, DM 13,60

HEFT 361
Dipl.-Ing. H. F. Klein, Aachen
Die nichtstationären Strömungsvorgänge und der Wärmeübergang in einem Schwingfeuergerät
1957, 84 Seiten, 34 Abb., 4 Falttafeln, DM 25,90

HEFT 368
Prof. Dr. phil. H. Kaiser, Dortmund
Entwicklung betriebsmäßiger spektrochemischer Analysenverfahren für technische Gläser
1957, 40 Seiten, 11 Abb., DM 9,10

HEFT 369
Dipl.-Phys. F. J. Schittko, Bonn
Gasabgabe von Werkstoffen ins Vakuum
1957, 48 Seiten, 20 Abb., 6 Tabellen, DM 13,30

HEFT 375
Technischer Überwachungsverein e. V., Essen
Wanddickenmessungen mittels radioaktiver Strahlen und Zählrohrgerät
1958, 38 Seiten, 15 Abb., DM 9,55

HEFT 380
Dipl.-Phys. R. Trappenberg, Karlsruhe
Theoretische und experimentelle Untersuchungen zur Staubverteilung einer Rauchfahne
1957, 64 Seiten, 7 Abb., 18 Tabellen, DM 14,90

HEFT 386
Prof. Dr.-Ing. H. Opitz und Dipl.-Ing. O. Hake, Aachen
Standzeituntersuchungen und Verschleißmessungen mit radioaktiven Isotopen
1958, 36 Seiten, 33 Abb., 3 Tabellen, DM 12,75

HEFT 404
Prof. Dr. R. Jaeckel und Dipl.-Phys. F. Gross, Bonn
Die Löslichkeit von Gasen in schwerflüchtigen organischen Flüssigkeiten
1957, 46 Seiten, 17 Abb., 1 Tabelle, DM 11,50

HEFT 415
Prof. Dr.-Ing. W. Paul, Dr. rer. nat. O. Osberghaus und Dipl.-Phys. E. Fischer, Bonn
Ein Ionenkäfig
1958, 42 Seiten, 18 Abb., 2 Tabellen, DM 13,65

HEFT 419
Dipl.-Ing. K. Brocks, Mülheim Ruhr
Die Messungen der Reflexionseigenschaften künstlicher und natürlicher Materialien mit quasi-optischen Methoden bei Mikrowellen
1957, 78 Seiten, 52 Abb., DM 20,35

HEFT 420
Dipl.-Ing. M. Vogel, Oberpfaffenhofen
Das Spektralgebiet zwischen dem langwelligen Ultrarot und Mikrowellen
1957, 56 Seiten, 2 Abb., DM 13,50

HEFT 432
Dipl.-Phys. Dr. R. Werz, Bonn
Die Entwicklung einer Synchrozyklotron-Ionenquelle
1958, 122 Seiten, 90 Abb., 1 Tabelle, DM 30,30

HEFT 439
Prof. Dr. phil. H. Lange, Köln und Dr. rer. nat. R. Kohlhaas, Neuß/Rh.
Anwendung der thermomagnetischen Analyse zum Studium des Umwandlungsverhaltens von Eisenwerkstoffen im Temperaturbereich von −150° C bis +1500°C
1958, 96 Seiten, 72 Abb., 2 Tabellen, DM 27,10

HEFT 443
Prof. Dr. phil. W. Weizel und K. Kluth, Bonn
Über die Struktur der positiven Gleitentladungen
1957, 44 Seiten, 30 Abb., DM 12,20

HEFT 450
Prof. Dr.-Ing. W. Paul, Bonn und Dipl.-Phys. H. P. Reinhard, M.-Gladbach
Das elektrische Massenfilter als Isotopentrenner
1958, 56 Seiten, 20 Abb., DM 13,50

HEFT 459
Prof. Dr. phil. F. Wever, Dr. phil. O. Krisement und H. Schädler, Düsseldorf
Ein isothermes Mikrokalorimeter zur kinetischen Messung von Umwandlungs- und Ausscheidungsvorgängen in Legierungen
1957, 32 Seiten, 14 Abb., DM 10,75

HEFT 460
Prof. Dr. phil. F. Wever und Dr. rer. nat. B. Ilschner, Düsseldorf
Ein isothermes Lösungskalorimeter zur Bestimmung thermo-dynamischer Zustandsgrößen von Legierungen
1957, 32 Seiten, 7 Abb., 4 Tabellen, DM 10,40

HEFT 502
Prof. Dr. M. Diem und Dr. R. Trappenberg, Karlsruhe
Berechnung der Ausbreitung von Staub und Gas
1957, 18 Seiten Text und 67 z. T. großformatige zweifarbige Diagramme, DM 37,30

HEFT 504
Prof. Dr. phil. F. Wever, Dr. phil. W. Wink und Dr. rer. nat. W. Jellinghaus, Düsseldorf
Versuchsanordnung zur Messung der Suszeptibilität paramagnetischer Stoffe und Meßergebnisse an Nickel-Chrom- und Kobalt-Nickel-Chrom-Werkstoffen
1958, 38 Seiten, 10 Abb., 2 Tabellen, DM 9,95

HEFT 507
Prof. Dr. H. Kaiser, Dortmund, Dr. G. Bergmann, Dortmund und Priv.-Doz. Dr. G. Kresze, Berlin
Kartei zur Dokumentation in der Molekülspektroskopie
1958, 34 Seiten, 3 Abb., 6 Tabellen, DM 11,90

HEFT 510
Prof. Dr. rer. nat. W. Groth, Dr.-Ing. K. Bayerle, Dr. rer. nat. H. Ihle, Dr. rer. nat. A. Murrenhoff, E. Nann und Dr. rer. nat. K. H. Welge, Bonn
Anreicherung der Uranisotope nach dem Gaszentrifugenverfahren
1958, 76 Seiten, 43 Abb., DM 21,20

HEFT 516
Prof. Dr.-Ing. H. Müller, Dipl.-Ing. F. Reinke und Dipl.-Ing. W. Sorgenicht, Essen
Gesamtstrahlungsmessungen der Temperaturstrahlung
1958, 82 Seiten, 18 Abb., DM 22,80

HEFT 519
Prof. Dr. phil. F. Wever, Dr. phil. W. Koch und Dr. phil. S. Eckhard, Düsseldorf
Die spektrographische Bestimmung der Spurenelemente in Stahl ohne vorherige Abbrennung
1958, 36 Seiten, 22 Abb., DM 12,60

HEFT 527
Dr. rer. nat. K. G. Müller, Hanau/W.
Wärmeübertragung auf eine Flugstaubströmung im senkrechten Rohr sowie auf eine durchströmte Schüttgutschicht
1958, 74 Seiten, 34 Abb., 7 Tabellen, DM 20,70

HEFT 537
Dr.-Ing. N. Gössl, Frankfurt/M.
Probleme der Zugförderung im Zusammenhang mit der Ausnutzung der Atom-Energie
1958, 116 Seiten, 28 Abb., 12 Tabellen, DM 29,90

HEFT 548
Prof. Dr.-Ing. K. Leist und J. Weber, Aachen
Spannungsoptische Untersuchungen von Turbinenscheiben mit angefrästen und eingesetzten Schaufeln
in Vorbereitung

HEFT 549
Dr.-Ing. R. Merten, Duisburg
Resonanzanpassung bei einem Tiefpaß
1958, 22 Seiten, 16 Abb., DM 9,—

HEFT 550
Dr. H. Stephan, Bonn
Elektrisches Standhöhenmeßgerät für Flüssigkeiten
1958, 26 Seiten, 13 Abb., 2 Tabellen, DM 10,10

HEFT 551
Prof. Dr. phil. W. Weizel und Dipl.-Phys. B. Brandt, Bonn
Betriebsbedingungen einer stromstarken Glimmentladung
1958, 68 Seiten, 18 Abb., DM 16,—

HEFT 567
Dr. rer. nat. K. Sauerwein, Düsseldorf
Anwendungen radioaktiver Isotope in der Technik
in Vorbereitung

HEFT 583
Prof. Dr. phil. F. Kirchner, Dipl.-Phys. H. Baron und Dipl.-Phys. H. Kirchner, Köln
Verwendbarkeit von Zählrohren zu massenspektrometrischen Untersuchungen
1958, 12 Seiten, 5 Abb., DM 6,70

HEFT 590
Übergabe des Synchro-Zyklotrons an das Institut für Strahlen- und Kernphysik der Universität Bonn am 8. Mai 1957
1958, 52 Seiten, 16 Abb., DM 16,50

HEFT 594
Prof. Dr. A. Nikuradse, München
Energieabsorption von Atomkernstrahlen in organischen Stoffen und durch sie hervorgerufene Reaktionsprozesse
in Vorbereitung

HEFT 595
Prof. Dr. A. Nikuradse und Dipl.-Phys. K. Kugler, München
Einfluß der molekularen bzw. atomaren Beschaffenheit der Festwandoberflächenschicht auf die Wechselwirkung zwischen auftreffenden Gasmolekülen und der Wand
1958, 16 Seiten, 9 Abb., DM 8,40

HEFT 608
Prof. Dr. habil. W. Linke und Dipl.-Ing. W. Hufschmidt, Aachen
Wärmeübergang bei pulsierender Strömung

HEFT 615
Prof. Dr. W. Weizel und D. H. Whang, Bonn
Stromverteilung auf der Kathode einer Glimmentladung in Spalten bei hohen Drucken und abseits stehender Anode
in Vorbereitung

HEFT 616
Prof. Dr. W. Weizel und Dr. W. Ohlendorf, Bonn
Die Glimmentladung in spaltartigen Entladungsräumen
in Vorbereitung

HEFT 622
Prof. Dr. W. Franz, Münster
Theorie der Elektronenbeweglichkeit in Halbleitern
in Vorbereitung

HEFT 642
Prof. Dr.-Ing. H. Müller und Dr.-Ing. H.-J. Eckhardt, Elektrowärme-Institut, Essen und Langenberg
Die dielektrische Trocknung bei erniedrigtem Luftdruck mit Beiträgen zum physikalischen Verhalten der Mischkörper
in Vorbereitung

HEFT 652
Dr. phil. nat. H. Haase, Hamburg
Infrarot - Bibliographie II

HEFT 653
Prof. Dr. K. Hamann und Dr. W. Funke, Stuttgart
Die Schutzwirkung organischer Inhibitoren in wäßriger Lösung gegenüber Eisen
in Vorbereitung

HEFT 656
Prof. E. Jenckel, Aachen
Das Verkleben von Aluminium mit carboxylsubstituierten Polystyrolen
in Vorbereitung

HEFT 657
Prof. Dr. W. Weizel, Bonn
Glimmentladungen an festen nichtmetallischen Elektroden

HEFT 662
Prof. Dr. phil. H. Lange, Dr. rer. nat. R. Kohlhaas, Köln
Über die Konstruktion von Laboratoriumsmagneten 2. Teil: Technische Ausführung verschiedener Magnettypen
in Vorbereitung

HEFT 683
Prof. Dr.-Ing. R. Jaeckel, Dr. rer. nat. H. H. Kutscher, Bonn
Das Verhalten von Überschallströmungen bei Drucken unter 1 Torr
in Vorbereitung

HEFT 684
Prof. Dr. sc. techn. F. Schultz-Grunow, Dr.-Ing. Hansgeorg Hein, Aachen
Beiträge zur Grenzschichtströmung
in Vorbereitung

HEFT 687
Prof. Dr. E. Kappler, Münster
Elastisches Verhalten metallischer Werkstoffe im Bereich der plastischen Verformung beim Zugversuch und beim Brinell'schen Kugeldruckversuch
in Vorbereitung

Ein Gesamtverzeichnis der Forschungsberichte, die folgende Gebiete umfassen, kann bei Bedarf vom Verlag angefordert werden:

Acetylen / Schweißtechnik – Arbeitspsychologie und -wissenschaft – Bau / Steine / Erden – Bergbau – Biologie – Chemie – Eisenverarbeitende Industrie – Elektrotechnik – Optik – Fahrzeugbau – Gasmotoren – Farbe / Papier / Photographie – Fertigung – Gaswirtschaft – Hüttenwesen / Werkstoffkunde – Luftfahrt / Flugwissenschaften – Maschinenbau – Medizin / Pharmakologie / Physiologie – NE-Metalle – Physik – Schall / Ultraschall – Schiffahrt – Textiltechnik / Faserforschung / Wäschereiforschung – Turbinen – Verkehr – Wirtschaftswissenschaften.

MIX
Papier aus verantwortungsvollen Quellen
Paper from responsible sources
FSC® C105338

If you have any concerns about our products,
you can contact us on
ProductSafety@springernature.com

In case Publisher is established outside the EU,
the EU authorized representative is:
**Springer Nature Customer Service Center GmbH
Europaplatz 3, 69115 Heidelberg, Germany**

Printed by Libri Plureos GmbH
in Hamburg, Germany